AF667095

Bernhard Waszkewitz

Systematische Personal- auslese

ökonomisch und übersichtlich, mit allen Hilfsmitteln versehen

Bernhard Waszkewitz

SYSTEMATISCHE PERSONALAUSLESE

ökonomisch und übersichtlich,
mit allen Hilfsmitteln versehen

ibidem-Verlag
Stuttgart

Bibliografische Information Der Deutschen Bibliothek

Die Deutsche Bibliothek verzeichnet diese Publikation in der Deutschen Nationalbibliografie; detaillierte bibliografische Daten sind im Internet über <http://dnb.ddb.de> abrufbar.

∞

Gedruckt auf alterungsbeständigem, säurefreien Papier
Printed on acid-free paper

ISBN: 3-89821-324-2

© *ibidem*-Verlag
Stuttgart 2003
Alle Rechte vorbehalten

Das Werk einschließlich aller seiner Teile ist urheberrechtlich geschützt. Jede Verwertung außerhalb der engen Grenzen des Urheberrechtsgesetzes ist ohne Zustimmung des Verlages unzulässig und strafbar. Dies gilt insbesondere für Vervielfältigungen, Übersetzungen, Mikroverfilmungen und elektronische Speicherformen sowie die Einspeicherung und Verarbeitung in elektronischen Systemen.

Printed in Germany

Vorwort

Eignung ist wesentlich, Eignung ist eine Frage der Persönlichkeit als Ganzem und in all ihren Verästelungen, aber die Persönlichkeit ist in der BRD für den Arbeitgeber tabu, denn ihre Offenlegung wäre ein Eingriff in die vom Grundgesetz geschützte Intimsphäre. Das bedeutet, daß wir uns mit etwas weniger zufriedengeben müssen. Wir wolen das Job- oder Arbeitsplatzeignung nennen, die durch optimale Übereinstimmung von Arbeitsanforderungen und Arbeitsverhalten bestimmt ist. In diesem Zusammenhang sprechen wir dann von der Arbeitsverhaltensperson. Und die interessiert uns primär, selbst wenn uns nicht ganz egal sein kann, ob unser Mitarbeiter sich auch außerberuflich im Privatleben korrekt verhält, aber es geht uns nicht direkt etwas an, wenn wir die Dinge streng rechtlich betrachten.

Selbst dann, wenn wir uns auf die Arbeitsplatzeignung beschränken, bleibt es kompliziert, denn auch die Arbeitsverhaltensperson ist ein hochkomplexes System, wie ich an anderer Stelle gezeigt habe[1]. Dementsprechend aufwendig und differenziert sind die Verfahren zur Bestimmung der Arbeitsplatzeignung. Und das ist nicht immer ökonomisch, denn die Verfahren sind eher umständlich und zeitraubend, wenn auch die Auswertung automatisiert ist. Nur wenn wir uns auf die Elemente der Verhaltensperson beschränken und die unterschiedlichen Aspektkomponenten, wie Bedürfnisse, Verlaufs- und Reaktionsformen im einzelnen überspringen, ergeben sich Möglichkeiten, auf einfacheren Wegen zu brauchbaren, wenn auch weniger differenzierten Resultaten zu gelangen.

Von diesen Überlegungen ausgehend, habe ich ein an den Systemelementen orientiertes Kurzverfahren entwickelt, mit dessen Hilfe die anstehenden Probleme, die sich mit zunehmend differenzierter werdenden An forderungen noch verschärfen werden, dennoch ökonomisch zu lösen sind. Das Ergebnis dieser Entwicklungen möchte ich hier vorstellen. Dazu werde ich mit einer Grundbeschreibung der auf der Elementendarstellung basierenden Systeme der Verhaltensperson und des Arbeitsplatzes beginnen.

---

[1]vgl. B. Waszkewitz: UP TO DATE 2002, Datei „Personalmanagement", Stuttgart 2002

Anschließend wird es dann darum gehen, die Systeme zu analysieren, die Hilfsmittel für ihre Analyse in der betrieblichen und personellen Umwelt vorzustellen und ihre Handhabung zu erläutern, ehe dann ein Beispiel zur Orientierung folgt.

Auf diese Weise hoffe ich dazu beizutragen, daß Sie und Ihr Unternehmen es in Zukunft leichter haben werden, die für sie geeigneten Mitarbeiter zu finden und sich zu erhalten.

Künzell 2003

Der Verfasser.

Inhaltsverzeichnis

Die Beschreibungssysteme

Die Verhaltensperson

Im Gegensatz zur Persönlichkeit wechselt die Verhaltensperson eines Menschen mit der jeweiligen Situation, denn sie ist eine Resultante aus Persönlichkeit und Situation. Und so kommt es, daß der Mensch viele unterschiedliche Verhaltenspersonen besitzt. Eine davon ist die Arbeitsverhaltensperson als Resultante aus Persönlichkeit und Arbeitssituation. Wie die Persönlichkeit sind auch die Verhaltenspersonen eines Menschen mit Hilfe unserer Sprache kaum präzise zu beschreiben, denn erstens gibt es viel mehr Verhaltensweisen als sprachliche Bezeichnungen dafür und zweitens sind die vorhandenen sprachlichen Bezeichnungen nicht eindeutig definiert. Jeder versteht etwas anderes unter der gleichen Bezeichnung, dem gleichen Terminus. Um also die Arbeitsverhaltensperson einigermaßen präzise zu beschreiben, benötigt man ein eigenes Beschreibungssystem. Aus Gründen, die in der Systemtheorie liegen, auf die ich hier nicht im einzelnen eingehen will[2], wählen wir ein System mit 12 Elementen, die jeweils 2 unterschiedliche Zustände annehmen können. Wie das aussieht, ergibt sich im Groben aus der folgenden Übersicht:

Elemente	
Pv: Emotionsmodul +Pv-natürliche Emotionalität +iPv-impulsive Triebhaftigkeit	**v- Steuerungsmodul** +Rv-Vernünftigkeit +iRv- Vernünftelei
Uv- Umweltmodul +Uv- Weltzuwendung +iUv- Darstellung	**Üv- Normenmodul** +Üv- Innenorientierung +iÜv- Egozentrizität
Kv- Kulturmodul +Kv- Idealismus +iKv- Schwärmerei	**Bv- Beziehungsmodul** +Bv- Humanität +iBv- Sentimentalität

[2] vgl. B. Waszkewitz: Psychologie der Persönlichkeit, Stuttgart 2003

Gv- Gestaltungsmodul +Gv- Gestaltungsaktivität +iGv- Machertum	Sv- Sozialmodul +Sv- Hingabe +iSv- Nachgiebigkeit
Ev-Einstellungsmodul +Ev- Sicherheit +iEv- Unbedenklichkeit	**Ov- Ordnungsmodul** +Ov- Abwägen +iOv- Pedanterie
Fv- Fortschrittsmodul +Fv- Expansivität +iFv- Veränderungsdrang	**Tv- Traditionsmodul** +Tv- Bewahrung +iTv- Verfestigung

und dazu noch als Verknüpfungskomponenten:

vlv: lineare Vorstellfähigkeit, Augenmaß	dkv: Unterscheidungsgabe, Abstraktion
vpv: planare Vorstellfähigkeit, Formvorstellung	dpv: innere und äußere Informationsaufnahme
vkv: kubische Vorstellfähigkeit, räuml. Vorstellung	dev: Kombinationsgabe, Denkgewandtheit
ffv: Fingergeschick	wev: Entschiedenheit, Bewußtheitsklarheit
fhv: Handgeschick	wmv: Aufmerksamkeitshorizontweite
fkv: Bewegungskoordination	wkv: Konzentration, Bewußtheitsschärfe

All diese Größen kommen in unterschiedlicher Stärke vor, wozu wir eine Skala von 1 bis 9 zur Kennzeichnung verwenden:

1- minimal	4-knapp durchschnittlich	7- überdurchschnittlich
2- gering	5- durchschnittlich	8- markant
3-mäßig	6- gut durchschnittlich	9- überragend

Nähere Angaben zur den Elementen und syntaktischen Komponenten enthält die folgende Übersicht, in der kennzeichnende Erscheinungen bei starker Ausbildung der Faktoren aufgeführt sind. Entscheidend sind aber nicht diese sprachlichen Umschreibungen, sondern die Buchstabencodes zusammen mit den jeweils zu ermittelnden Skalenwerten.

iPv: unangemessene Form, *Triebhaftigkeit,* Kreatürlichkeit des Erlebens, kindliche Unmittelbarkeit, Genießernaturell, Eindrucksabhängigkeit des Erlebens, Impulsivität, Genußsucht, hyperkinetische Reaktionen

Pv: angemessene Form *Emotionalität,* Natürlichkeit und Unmittelbarkeit des Erlebens, aus dem Es heraus erleben, Anschauungsnähe, Alltagsnähe, Genußfähigkeit, Zyklothymie, Seele, physiologische und vitale Bedürfnisse, praktische Ausrichtung, Augenmaß,

vlv: **lineare** Vorstellfähigkeit, Augenmaß

iRv: **unangemessene Form,** *Vernünftelei,* Neigung zu Schematismus und eingeengtem Formalismus, Züge von Schablonenhaftigkeit, Enge, Intellektualismus, weltfremde Spekulationen,

Rv: **angemessene Form,** *Vernünftigkeit,* Überlegung, Selbstdisziplin, Steuerung und kritische Haltung, Geist, noetischer Oberbau, Ichperson, intellektuelle, rationale Bedürfnisse, theoretische Ausrichtung, Unterscheidungsschärfe,

dkv: **geistige Unterscheidung,** analytisches Denken, geistige Kanaltrennung

iUv: **unangemessene Form,** *Darstellungsdrang* Prestige- und Statusdrang, will auf sich aufmerksam machen und dadurch Beziehungen zur Umwelt gewinnen, Geltungsdrang, hysterische Reaktionen

Uv: **angemessene Form** *Weltzuwendung* extravertiertes Verhalten, sucht Gesellschaft und Öffentlichkeit, wendet sich der Welt zu, Aufgeschlossenheit, Geselligkeitsbedürfnisse, Selbstschätzungsbedürfnisse, Feingeschick

ffv: **manuelles Fein- und Fingergeschick**

iÜv: **unangemessene Form,** *Egozentrizität* bezieht alles auf sich, übertriebene Schamgefühle und Gewissensreaktionen, Unfreiheit, Isolierung, Abkapselung, übermäßige Verschlossenheit, orthodoxe und fanatische ideologische Haltungen, Fluchtreaktionen, Verfolgungsängste

Üv: a **angemessene Form** *Innenlenkung* orientiert sich an inneren Wertvorstellungen, wahrt Abstand und Distanz, Intraversion, Streben nach Werten, ideologische Bedürfnisse, religiöse Bedürfnisse, ethische Vernünftigkeit, Bewußtheitsklarheit,

wev : **Entschlossenheit,** Bewußtheitsklarheit, Deutlichkeit iKv: **unangemessene Form,** *Schwärmerei* übersteigerte, unstete Gefühlsäußerungen mit ekstatischen und illusionären Zügen, Ästhetizismus, zweckentfremdete Schöngeistigkeit, Antifunktionalismus, halluzinäre Zwangshandlungen

Kv: **angemessene Form,** *Idealismus* kulturelle Orientierung, Lebhaftigkeit der sozialen, kulturellen und sprachlichen Äußerungen, Äußerungsleichtigkeit, Gefühlslebhaftigkeit, Wachsamkeit, kulturelle Bedürfnisse, schöngeistige Bedürfnisse, Formensinn

vpv : **Formvorstellvermögen,** Formensinn

iBv: **unangemessene Form,** *Sentimentalität* Gefühlchen, Gefühlsduselei, romantische Schwärmerei, Gemütsegoismus, Singularisierung, Ichbetonung, Hundeheimweh, fixe Ideen, Sendungsideen

Bv: **angemessene Form,** *Humanität* Gefühlstiefe und Bindungsfähigkeit verbunden mit Eigenständigkeit des gefühlsmäßigen Erlebens, Individualität, Gemüt, Bedürfnis nach Selbstbestimmung und Selbstverwirklichung in dem Zusammenleben mit anderen, geistige Einfälle und Adaption,

dpv: **Denkplastizität,** Denkadaption, Informationsaufnahme von innen und außen, Einfälle, Kreativität, Phantasie

iGv: **unangemessene Form,** *Beherrschung* Machtwünsche, Züge von Herrschsucht und Aggressivität, Schärfe der Reaktionen, Hitzigkeit, Machenwollen um jeden Preis, aggressive Streitsucht, bei der Beschwerden über Aggressivität und Ressentiment gegen andere

Gv: **angemessene Form,** *Gestalten* Aktivität des Gestaltens und Machens, aber auch der Durchsetzung, Führungs- und Lenkungsdrang, Leistungsbedürfnis, manuelles Tun,

fhv : **Handgeschick,** manuelle Fähigkeiten

iSv: **unangemessene Form,** *Abhängigkeit* Nachgiebigkeit, Beeinflußbarkeit, erdrückende Fürsorge, die keinen echten Halt und keine wirkliche Hilfe gibt, die zur Beherrschung anderer führt, Herrschen durch Schwäche, funktionale Schwäche

Sv: **angemessene Form,** *Hingabe* soziale Bedürfnisse, Engagement in der Gemeinschaft, Dienstbereitschaft, Anpassung, Beeindruckbarkeit, Hegen und Pflegen, soziale Anpassung, fluktuierende Aufmerksamkeit, Bewußtheitsweite,

wmv: **Willensmobilität,** Horizontweite, fluktuierende Aufmerksamkeit, Bewußtheitsweite, Willensreagibilität

iEv: **unangemessene Form,** *Unbedenklichkeit* überhöhte Risikobereitschaft, Mangel an Selbstkritik, Hektik, Leichtfertigkeit,, Flüchtigkeit, Tollkühnheit, effekt- und äußerlichkeitsorientiert, Einstellung der Überlegenheit verbunden mit unberechtigten Gefühlen, über ungewohnte Kräfte zu verfügen

Ev: **angemessene Form,** *Sicherheit* Frische, Heiterkeit, sanguinisch, Selbstvertrauen, Wagemut, ästhetische Bedürfnisse, musische und künstlerische Bedürfnisse, Qualitätssinn, plastische Vorstellung,

vkv : **kubische Vorstellfähigkeit,** räumliches Vorstellvermögen,

iOv: **unangemessene Form,** *Pedanterie* Übervorsicht, Mißtrauen, Verdrossenheit, Mißmut, strenge, fixierte und wenig sinnvolle Ordnungsbildung, Listenführungsdrang, bürokratische Tendenzen und Verhaltensformen, bedrohende Ängste

Ov: **angemessene Form,** *Abwägen* Besinnlichkeit, Besonnenheit, Systematik, Tiefsinn, Ernst, melancholisch, Ordnungsstreben, Streben nach Gliederung und Systematik, Organisationsdrang, intellektuelle Verknüpfungvielfalt,

dev: **Denkelastizität,** Kombinationsgabe, praktisches Denken, Gedankenverknüpfung, Denkgewandtheit,

iFv: **unangemessene Form,** *Überschwang* Heftigkeit, Hitzigkeit, Abenteurertum, Betriebsamkeit, Geschäftigkeit, Abwechslungssucht, Neuheitensucht,

Fv: **angemessene Form,** *Expansivität* Schwung, Unternehmungsgeist, cholerisch, eifrig, dynamisch, Bedürfnisse nach Neuem und Veränderungen, Zukunftsstreben, progressiv, zielsichere motorische Koordination,

fkv : **Bewegungskoordination,** Geschmeidigkeit, Wendigkeit und Harmonie der körperlichen Bewegungsabläufe

iTv: **unangemessene Form,** *Fixiertheit* Verfertigung, Trotz, Abwehr, Unelastizität, Phlegma, Sturheit, Gewohnheitenverhaftung, Traditionsfixierung, Sicherheit um jeden Preis,
Tv: **angemessene Form,** *Bewahrung* Festigkeit, Selbstbehauptung, Traditionsgebundenheit, Traditions- und Besitzbedürfnisse, ökonomische Bedürfnisse, Phlegma, Gelassenheit, Beharrung, Beständigkeit, Bewußtheitsschärfe, fixierende Aufmerksamkeit.
wkv: **Willenskonstanz,** Konzentration, fixierende Aufmerksamkeit, Bewußtheitsschärfe und -genauigkeit

Entsprechend ergeben sich folgende Verknüpfungsformen[3]:

Elementenverknüpfungen	***Bedeutungen***
Pv: Emotionalverhalten - Rv: Vernunfthaltung	=Sbgv: Selbstbehauptungsverhalten
Uv: Umweltverhalten - Üv: Überichsteuerung	= Sägv: Selbstäußerungsverhalten
(Sbgv+Sägv)/2	= Egv: Eigenverhalten
Kv: Anregungsverhalten - Bv: Beziehungsverhalten	= Gegv: Gemeinschaftseinstellungsverhalten
Gv: Lenkungsverhalten - Sv: Sozialverhalten	= Gbgv: Gemeinschaftsbewältigungsverhalten
(Gegv+Gbgv)/2	= Mnv: sozialer Begegnungsstil
Ev: Aufnahmeverhalten - Ov: Verarbeitungsverhalten	= Wegv: Welterfassungsverhalten
Fv: Expansionsverhalten - Tv: Bewahrungsverhalten	= Wbgv: Weltbewältigungsverhalten
(Wegv+Wbgv)/2	= Wtv: Aufgabenverhalten
(Eg+Mn+Wt)/3	= INV: Gesamterscheinungsbild
(Summe der Elementenwerte)/12	= Inv: Grundstruktur
Inv/iInv	Ingv: Stabilitätsfaktor
VyV. Vorstellfähigkeit	
vlv: Augenmaß	
vpv: Formensinn	VyV=100*$e^{(vlv*vpv*vkv/729)-1}$ pkt
vkv: Raumvorstellung	
IyV. Denkfähigkeit	
dkv: geistige Unterscheidung	
dpv: geistige Adaption	IyV=100*$e^{(dkv*dpv*dev/729)-1}$ pkt
dev: geistige Gewandtheit	
FyV. Fertigungsfähigkeit	

[3] die Strukturformen entfallen hier weitgehend, da es sich nur um Situationsverhaltenserscheinungen handelt.

ffv: Fingergeschick	
fhv: Handgeschick	$FyV=100*e^{(ffv*fhv*fkv/729)-1}$ pkt
fkv. Bewegungskoordination	
WyV. Willenshaltung	
wev: Entscheidungskraft	
wmv: fluktuierende Aufmerksamkeit	$WyV=100*e^{(wev*wmv*wkv/729)-1}$ pkt
wkv: fixierende Aufmerksamkeit	
Gesamtfähigkeitspotential	$TyV - (VyV*IyV*FyV*WyV)^{0,25}$

Im Analysefalle liefert das Auswertungsprogramm DAEb ein Ergebnis in folgender Form:

Verhaltensperson

	real	imag			real	imag		real	imag				
Pv	#WERT!	#WERT!	0,0	Sbgv	0,0	0,0	Egv	0,0	0,0	vlv	#WERT!	VyV	36,8
Rv	#WERT!	#WERT!	0,0							dkv	#WERT!	IyV	36,8
Uv	#WERT!	#WERT!	0,0	Sägv	0,0	0,0				ffv	#WERT!	FyV	36,8
Üv	#WERT!	#WERT!	0,0							wev	#WERT!	WyV	36,8
Kv	#WERT!	#WERT!	0,0	Gegv	0,0	0,0	Mnv	0,0	0,0	vpv	#WERT!	TyV	36,8
Bv	#WERT!	#WERT!	0,0							dpv	#WERT!		
Gv	#WERT!	#WERT!	0,0	Gbgv	0,0	0,0				fhv	#WERT!		
Sv	#WERT!	#WERT!	0,0							wmv	#WERT!		
Ev	#WERT!	#WERT!	0,0	Wegv	0,0	0,0	Wtv	0,0	0,0	vkv	#WERT!		
Ov	#WERT!	#WERT!	0,0							dev	#WERT!		
Fv	#WERT!	#WERT!	0,0	Wbgv	0,0	0,0				fkv	#WERT!		
Tv	#WERT!	#WERT!	0,0							wkv	#WERT!		
Inv	0,0	0,0	0,0	Ingv	0,0		INV	0,0	0,0		Lü	#WERT!	

Die nicht fett gedruckten Angaben verkörpern die im Einzelfalle erscheinenden Zahlwerte, für die aus den Terminitabellen die entsprechenden sprachlichen Bezeichnungen an Stelle der schräg gedruckten Codes im nachstehenden Textprogramm einzutragen sind. Auf diese Weise lassen sich dann vom Stil und dem Formulierungsvermögen der Beurteiler unabhängige sprachliche Beschreibungen der jeweiligen Arbeitsverhaltensperson gewinnen. als Interpretationsschlüssel dient das Textprogramm DVbk:

Verhaltenspersonkurzbefund (DVbk)

Name:

Alter:

Vorbildung:

Beruf:

Zweck der Untersuchung:

Untersuchungsmaterial:

Prüfverfahren:

Die Auswertung des Untersuchungsmaterials vermittelt den Anschein einer *INV* Person mit *iINV* Zügen. Soweit es den direkten Umgang mit sich und der Welt, angeht, zeigt sie einen *Egv und iEgv* Verhaltensstil. Dahinter steht eine *Sbgv und iSbgv* Art, das Geschehen zu erleben und sich selbst zu bestimmen. Dieses wird durch *Pv und iPv* Impulse und eine *Rv und iRv* Haltung beeinflußt. Diese Art der Einstellung ist bei ihm mit *Sägv und iSägv* Lebens- und Aktionsweise gegenüber der Welt im allgemeinen und der Gesellschaft als Institution verbunden. Dazu tragen eine *Uv und iUv* Handlungsweise gegenüber der Umwelt und *Üv und iÜv* Züge als Begrenzer bei.

In sozialer Hinsicht, also in der Beziehung zu Menschen und Menschlichem stößt man bei diesem Menschen auf einen zunächst *Mnv und iMnv* wirkenden Stil des Verhaltens, dem eine *Gegv und iGegv* Einstellung zugrunde liegen könnte. So erfährt er dann die anderen Menschen und sich in der sozialen und kommunikativen Situation. Dementsprechend zeigt er eine *Kv und iKv* Ansprechbarkeit und einen *Bv und iBv* Beziehungsstil. Sobald es um die Auseinandersetzung mit der sozialen Umwelt - nicht nur um die innere - geht, stößt man bei ihm auf *Gbgv und iGbgv* Züge und *Gv und iGv* Gestaltungstendenzen sowie *Sv und iSv* Hingabe an andere und anderes.

Im Umgang mit den Dingen, Problemen und Aufgaben des Lebens und des Berufs zeigt er eine zunächst *Wtv und iWtv* wirkende Umgangsweise. Dabei erfaßt er die auf ihn zukommenden Eindrücke *Wegv und iWegv.* Die damit eng verbundene allgemeine Lebensauffassung erscheint *Ev und iEv.* Das, was er aufgrund dieser Einstellung erfaßt hat, wird er *Ov und iOv* verarbeiten. Der Umgang mit den Situationen, Dingen, Aufgaben und Problemen wird im allgemeinen von einem *Wbgv und iWbgv* Handlungsstil geleitet, hinter dem einerseits Züge von *Fv und iFv* und andererseits solche von *Tv und iTv* wirksam werden.

Dabei bringt er eine *IyV* Denkweise mit. Die *WyV* ausgeprägte Willensbetätigung steht wie die anderen Begabungen im Dienste der Persönlichkeit. Insgesamt gesehen entwickelt er an integrierenden, d.h. verarbeitenden Begabungen *wev,wmv,wkv* Willenshaltung und *dkv,dpv,dev* Denken. Bei *wev* Entscheidungsweise kann er das Wesentliche geistiger Probleme *dkv* erkennen, d.h. zugleich analytisch denken. Auf dieser Grundlage entwickelt er eine *wev#dkv* Urteilsweise. Auf die Vielfalt der Eindrücke spricht er *wmv* an. Innere, aber auch äußere Informationen nimmt er geistig *dpv* auf, um sie im Zuge der Informationsverarbeitung zu nutzen. Das ist die Grundlage für eine *wmv#dpv* Lernweise und Informationsverarbeitung. Da er zudem über die Fähigkeit verfügt, sich *wkv* zu konzentrieren und seine Gedanken und Denkinhalte *dev* miteinander zu verknüpfen, steht ihm eine *wkv#dev* Kombinationsweise zur Bewältigung praktischer Probleme zur Verfügung.

Auf Seiten der assimilierenden, gestaltenden Begabungen finden sich *VyV* Vorstellungs- und *FyV* Fertigungsfähigkeiten. Das *vlv* lineare Vorstellvermögen als Basis der Distanzeneinschätzung verbindet sich mit *ffv* Fingergeschick zu *vlv#ffv* Feingeschick. Von der Handfertigkeit her erweist er sich als eher *fhv* ausgebildet, und das bei *vpv* Formvorstellungsvermögen, so daß damit zu rechnen ist, daß er handwerklich *vpv#fhv* arbeiten wird. Infolge der *vkv* ausgebildeten räumlichen Vorstellfähigkeit und *fkv* Bewegungskoordination kann im allgemeinen mit einer *vkv#fkv* Ausführungsweise bei Gestaltungsprozessen gerechnet werden.

ORIENTIERUNGSWEISE

Seiner Verhaltensstruktur entsprechend benötigt der Beurteilte zur erfolgreichen Orientierung im Leben und zu effektiven Lernen möglichst *Pv und Rv* Situationen. Passend wäre dazu eine *Üv und Uv* Umgebung, wobei *Kv* soziale Beziehungen mit *Bv* Bindungen die Effektivität seiner Orientierung und seines Lernens unterstützen könnten. Die Aufgaben sollten *Gv* und *Sv* Reaktionsweisen erfordern. Dabei sollte die Darbietung aufzunehmender Inhalte *Ev* und *Ov* erfolgen. *Fv und Tv* sollten den Lehrprozeß bestimmen.

ARBEITSSTIL UND EINSATZBEREICH

Der persönliche Arbeitsstil bestimmt den günstigsten Tätigkeitsbereich. Daher wird das Wirken des Beurteilten am effektivsten sein, wenn die jeweiligen Aufgaben *Pv und Rv* Einstellungen verlangen. Es werden ihm Aufgaben besonders liegen, die *Uv* und *Üv* Umweltsituationen bieten, die zudem *Kv* soziale Umstände mit *Bv* inneren Beziehungen zu anderen Menschen aufweisen. Arbeiten, die eine *Gv und Sv* Reaktionsweise voraussetzen, bieten ihm gute Entfaltungsmöglichkeiten. Dabei sind Tätigkeiten zu bevorzugen, bei denen die Situationen *Ev* erfaßt und *Ov* bearbeitet werden müssen. Der Aufgabenbereich sollte dazu *Fv und Tv* in der Einsatzweise verlangen.

ZUSAMMENFASSUNG:

Aufgrund der Analyse ergibt sich hinsichtlich der geprüften Faktoren bezogen auf die entsprechenden Anforderungen der vorgesehenen Position eine Übereinstimmung von

+System:

+iSystem:

Begabungen:

also

Gesamteignung

Für die Eignungswerte gelten dabei folgende Bedeutungen:

	<60%	wenig geeignet
60 bis	67%	kaum geeignet
68 bis	74%	teilweise (bedingt) geeignet
75 bis	83%	weitgehend (noch) geeignet
	>83%	geeignet

Allerdings genügt es nicht, die Verhaltenspersonwerte eines Bewerbers zu kennen, man muß ebenso die Anforderungen des Arbeitsplatzes kennen und beschreiben können, womit wir uns nun zunächst beschäftigen wollen.

Arbeitsplatzanforderungsbeschreibung

Die Arbeitsplatzanforderungsbeschreibung muß in gleicher Weise wie die Beschreibung der Arbeitsverhaltensperson vorliegen, da man sonst die beiden nicht vergleichen kann. Auch das kann sehr differenziert geschehen, was dann allerdings zu erheblichem Aufwand bei der Bestimmung der jeweiligen Werte führt. Daher beschränken wir uns hier wiederum auf das Elementensystem, ergänzt durch grundlegende Fähigkeitsfaktorenanforderungen. Damit ändert sich nicht viel, nur daß wir im Code jeweils statt des v als letzten Buchstaben ein x setzen. Und dann sieht das Beschreibungssystem wie folgt aus:

Elemente	
Px Naturwelt + natürlich +i kreatürlich	**Rx Regelwelt** + rationale +i rationalistische
Ux Umwelt + unmittelbare +i gemachte	**Üx Normen** + Normen-Orientierung +i Normen-Konformismus
Kx Kulturwelt + Idealismus +i Schwärmerei	**Bx Beziehungswelt** + Humanität +i Sentimentalität
Gx Gestaltungswelt + Gestaltungsaktivität +i Machertum	**Sx Sozialwelt** + Hingabe, Dienen +i Nachgiebigkeit
Ex Eindruckswelt + erfaßbar, erschaubar +i bedenkenlos, naiv	**Ox Ordnungswelt** + Gliederung +i Schablonen
Fx Fortschrittswelt + expansiv +i unstet	**Tx Traditionswelt** + Bewahrung +i Verfestigung

und zusätzlich:

vlx: Entfernungsschätzen	dkx: Abstraktes, verborgenes Wesentliches
vpx: Form- und Flächenvergleiche	dpx: Informationsfülle, Kreativität
vkx: räumliche Projektionen aus der Fläche	dex: Kombinationen, Umstrukturierungen

ffx: Feinarbeiten	wex: Entschiedenheit, Bewußtheitsklarheit
fhx: Handarbeiten	wmx: Aufmerksamkeitshorizontweite
fkx: Beidhand- und Bewegungsarbeit	wkx: Konzentration, Bewußtheitsschärfe

Eine nähere Kennzeichnung der Anforderungen der Codebedeutungen folgt nachstehend:

+Px	natürlich-praktische, lebensunmittelbare Reaktionen
+i Px	kreatürlich-primitive genußbestimmte Reaktionen
+Rx	disziplinierte, planvolle Handlungsvollzüge
+i Rx	rationalistisch und verengende schematische Handlungsvollzüge
+Ux	unmitelbar auf die Umwelt zugehende und ausgerichtete Handlungsvollzüge
+i Ux	gemachte, posierende Umweltreaktionen
+Üx	eigene Welt- und Wertanschauung im Rahmen der Normen der Umwelt wird eigenständig angewandt
+i Üx	die Normen der Umwelt werden sklavisch befolgt und sind unantastbar
+Kx	idealistische nicht von Zweckmäßigkeit geprägte Haltungen
+i Kx	schwärmerische, illusionistische unfunktionelle Handlungsweise
+Bx	Humanität und humanistische Einstellungen prägen die Handlungen
+i Bx	Sentimentalität und ichbezogene Gefühlsregungen bestimmen die Reaktionen
+Gx	Gestaltungs- und Lenkungsaktivität kennzeichnen die Reaktionen
+i Gx	Machertum und aggressive Reaktionen bestimmen die Handlungen
+Sx	Hingabe und Anpassungsbereitschaft bestimmen die Handlungsvollzüge
+i Sx	Selbstaufgabe und Sozialgetue bestimmen die Handlungsvollzüge
+Ex	Selbstsicherheit und Mut beeinflussen die Handlungsformen
+i Ex	Naivität und Bedenkenlosigkeit beeinflussen die Handlungsformen
+Ox	Gliederungs- und Systemstreben beeinflussen die Reaktionen

+i Ox	Schablonen und naive Schemata beeinflussen die Reaktionen
+Fx	Expansions- und Fortschrittsstreben bestimmen die Handlungsvollzüge
+i Fx	Unstetheit und Nichseßhaftigkeit bestimmen die Handlungsformen
+Tx	Bewahrungs- und Sicherheitsstreben bestimmen die Handlungsvollzüge
+i Tx	Verfestigung- und Gewohnheitsstreben bestimmen die Reaktionen

Dazu gehören dann folgende Verknüpfungsformen:

Elementenstrukturen	***Wirkungsbereiche***
Px:Naturwelt - Rx: Regelwelt	=Sbgx: Selbstbestimmungsweise
Ux:Umwelt - Üx Normenwelt	= Sägx: Selbstäußerung
(Sbgx+Sägx)/2	= Egx: Erlebens- und -lebensstil
Kx: Kulturwelt - Bx: Beziehungswelt	= Gegx: Gemeinschaftsstil
Gx: Gestaltungswelt - Sx: Sozialwelt	= Gbgx: Gemeinschaftsbewältigungsstil
(Gegx+Gbgx)/2	= Mnx: sozialer Begegnungsstil
Ex: Eindruckswelt - Ox: Ordnungswelt	= Wegx: Welterfassungsstil
Fx: Fortschrittswelt - Tx: Traditionswelt	= Wbgx: Weltbewältigungsstil
(Wegx+Wbgx)/2	= Wtx: Weltbegegnungsstil
(Egx+Mnx+Wtx)/3	= INX: Gesamterscheinungsbild
(Summe der Elementenwerte)/12	= Inx: Grundstruktur
Inx dividiert durch +iInx	Ingx: Stabilitätsfaktor
Verknüpfungsniveaus	
VyX. Vorstellpotential	
vlx: lineare Vorstellanforderungen	
vpx: planare Vorstellanforderungen	VyX= $100*e^{(vlx*vpx*vkx/729)-1}$ pkt
vkx: kubische Vorstellanforderungen	
IyX. Denkpotential	
dkx: geistige Unterscheidungen	
dpx: In formationsfülle	IyX= $100*e^{(dkx*dpx*dex/729)-1}$ pkt
dex: Denkelastizität	
FyX. Fertigungspotential	
ffx: Feingeschickanforderungen	

fhx: Handgeschickanforderungen	$FyX = 100 * e^{(ffx * fhx * fkx/729)-1}$ pkt
fkx. Bewegungskoordinationanforderungen	
WyX. Bewußtheitspotential	
wex: Willensenergieanforderungen	
wmx: Willensmobilitätsanforderungen	$Wyx = 100 * e^{(wex * wmx * wkx/729)-1}$ Pkt
wkx: Willenskonstanzanforderungen	

Auch in diesem Falle ist es immer wieder einmal erforderlich, die Analyseergebnisse in Textform zu übersetzen. Das Programm dazu kann etwa wie folgt aussehen:

Umweltsystemkurzbefund (DBBkb)

Name:

Alter:

Entwicklung:

Untersuchungsmaterial:

Prüfverfahren:

Der erste Eindruck, den man von diesem System gewinnt, pendelt im allgemeinen zwischen *INX* und *iINX*. Dieser bildet sich auf einer Ingx *Inx* Grundlage verbunden mit *iInx* Zügen.

Auf dieser Basis entwickelt sich eine *Egx* sowie *iEgx* Form des Systems. Das führt zu einer *Sbgx* aber auch *iSbgx* Selbstbestimmungsweise. Dazu trägt ein *Px* sowie *iPx* Element bei, das die Impulse liefert, sowie ein *Rx* und *iRx Organ*, das die Übersicht und Lenkung managen soll. Nach außen bildet dabei ein *Sägx*, aber auch *iSägx* Stil der Begegnung mit der Welt an sich und umfassenderen Gesellschaften. Der Umwelt wendet dieses System sich nämlich im allgemeinen *Ux*, wenn auch *iUx* zu, während von seinen Normen *Üx* und *iÜx* Impulse ausgehen, die seine Haltung zu und in dieser Welt mitformen.

In sozialer Hinsicht wirkt das System *Mnx* und *iMnx*. Dahinter steht im allgemeinen ein *Gegx*, aber auch *iGegx* Gemeinschaftsstil mit anderen. Verbunden damit ist eine *Kx* zugleich auch *iKx* soziale Ansprechbarkeit, und das bei einer *Bx* Einstellung mit *iBx* Zügen zu humanen Fragen und Beziehungen. Sobald es um die Auseinandersetzung mit und das Leben in der sozialen Umwelt geht, stößt man bei diesem System auf *Gbgx*, aber auch *iGbgx* Züge. Dieses ist gepaart mit einer *Gx* Bewältigungsweise verbunden mit *iGx* Zügen sowie einer *Sx* und *iSx* Anpassung.

Im Umgang mit den Dingen, Problemen und Aufgaben des Lebens und auch des Berufs stößt man im vorliegenden Falle generell bei diesem System auf einen *Wtx* und doch *iWtx* wirkenden Handlungsstil. Dabei werden die mannigfachen Eindrücke von ihm *Wegx*, aber auch *iWegx* erfaßt. Die allgemeine Einstellung zu derartigen Situationen erscheint dabei *Ex* und *iEx*, wobei die erfaßten Inhalte weitgehend *Ox* und *iOx* verarbeitet werden dürften. Der Umgang mit den Situationen, Dingen, Aufgaben und Problemen wird im allgemeinen von einem *Wbgx* aber auch *iWbgx* Aktionsstil geleitet. Dahinter stehen einerseits Züge von *Fx* und *iFx*, andererseits solche von *Tx* und *iTx*.

Dabei fordert es eine *IyX* Denkart. Die *WyX* ausgeprägte Willens- und Bewußtheitsfähigkeit steht wie die anderen Begabungen im Dienste der aufgezeigten Strukturen und wird von ihnen eingesetzt. Bei *wex* Entscheidungsweise und Bewußtheitsklarheit ist das Wesentliche geistiger Probleme *dkx* zu erkennen, d.h. zugleich analytisch zu erfassen. Auf dieser Grundlage benötigt man eine *wex#dkx* Urteilsweise. Auf die Vielfalt der Eindrücke ist *wmx* anzusprechen, wie es seinem Bewußtseinshorizont entspricht. Innere, aber auch äußere Informationen sind geistig *dpx* aufzunehmen, um sie im Zuge der Informationsverarbeitung zu nutzen. Das ist die Grundlage für eine erforderliche *wmx#dpx* Lernweise und Informationsverarbeitung. Da es zudem die Fähigkeit verlangt, sich seiner Bewußtheitsschärfe entsprechend *wkx* zu konzentrieren und seine Gedanken und Denkinhalte *dex* miteinander zu verknüpfen, braucht es eine *wkx#dex* Kombinationsweise zur Bewältigung praktischer Probleme zur Verfügung.

Auf Seiten der assimilierenden, gestaltenden Fähigkeiten finden sich *VyX* Vorstellungs- und *FyX* Fertigungsfähigkeiten im Anforderungsprofil. Das *vlx* lineare Vorstellvermögen als Basis der Distanzeneinschätzung sollte sich mit *ffx* Feingeschick zu *vlx#ffx* Handhabungsweisen verbinden. Von der verlangten Handfertigkeit her erweist es sich als *fhx* entwickelt, und das bei *vpx* Formvorstellungsvermögen, so daß damit zu rechnen ist, daß es dann handwerklich *vpx#fhx* funktionieren wird. Infolge der *vkx* angestzten räumlichen Vorstellfähigkeit und *fkx* wirkenden Bewegungskoordination kann im allgemeinen von einer *vkx#fkx* Ausführung bei Gestaltungsprozessen ausgegangen werden.

Im Einzelfalle werden die Ergebnisse ebenfalls mit dem DAEb in gleicher Form wie bei der Verhaltensperson erhalten. Zum Zwecke des Vergleiches mit der Arbeitsverhaltensperson des Bewerbers trägt man die für den Arbeitsplatz erhaltenen Ergebnisse unter Vergleich in den Sollspalten innerhalb des Doppelrahmens ein, so daß das Programm dann automatisch die Eignungswerte auswirft.

Praxis der Personalauswahl

Vorbereiende Anforderungsbestimmung

Jeder sachgerechten Personalauswahl, ja Personalanwerbung geht eine Anforderungsanalyse voraus, die naturgemäß auf das verwendete Personbeschreibungsmodell abgestimmt sein muß, weil sich sonst keine Vergleiche ziehen lassen. Eine Anforderungsanalyse, die diese Bedingung für uns erfüllt, vollzieht sich zweckmäßiger Weise auf der Basis der folgenden Checklist

Allgemeine Verhaltensanforderungsanalyse (DBBk 1.0)

nach Dr. B. Waszkewitz

Anweisung: Bewerten Sie nach folgender Skala, wie hoch die Anforderungen bezüglich der einzelnen Punkte sind. Tragen Sie die Werte nach folgender Skala in die Spalte A ein, indem Sie die zutreffende Ziffer durchstreichen (/)oder bei Bearbeitung am Computer den zutreffenden Wert in Spalte I eintragen. Zwischenwerte (1,5; 2,5; usw.) sind erlaubt

1= trifft nicht zu, eher das Gegenteil ist der Fall;

2= trifft wenig zu, selten, recht mäßig

3= mittel, durchschnittlich, zeitweise, normal;

4= ausgeprägt, häufig, meistens, deutlich

5= trifft immer zu, überragend, unbedingt zu bejahen, stets

Situation:

Nr.	Situation und erforderliche Voraussetzungen	A	I
101	Einzelkenntnisse und -erfahrungen des Alltags, findet sich in der Alltagswelt zurecht, praktische Tätigkeitserfahrungen, Übung in den vorgesehenen Tätigkeiten, kennt sich in den alltäglichen Inhalten der Gruppe aus, hat schon Erfahrungen mit ähnlichen Gruppen und Konstellationen, kennt sich mit den alltäglichen Problemen einer Partnerschaft aus, kann sich in einer solchen zurechtfinden, besitzt vielerlei Kenntnisse und Erfahrungen im praktischen Alltagsgeschehen, soweit dieses für die Eleven wichtig ist	1 2 3 4 5	
102	theoretisches Einzelwissen, geistige Vorstellungen, detaillierte Begriffe, Detailwissen geisteswissenschaftlicher, idealistischer, erkenntnistheoretischer und philosophischer Natur, Vielerlei Allgemeinbildungsinhalte,	1 2 3 4 5	
103	Detailhafte Repräsentations- und Gesellschaftskenntnisse, Einzelheitenkenntnisse und Erfahrungen aus dem Umfeld und dem weltlichen Geschehen, aus Nachbarschaft und Gemeinde, von Möglichkeiten und Hilfsmitteln im Umfeld	1 2 3 4 5	

104	detailhafte Wert- und Weltanschauungskenntnisse, Normenkenntnisse auf dem jeweiligen Sektor, religiöse Einzelkenntnisse, Skalierungserfahrungen, Kenntnisse der einzelnen Handlungsvorschriften und –grenzen der betreffenden Situation	1 2 3 4 5		
105	sprachliches und kulturelles Einzelwissen erforderlich, Hochsprache sollte geläufig sein, historisches und literarisches Detailwissen, belesen, vielerlei historische (geschichtlichen) Einzelkenntnisse in den wesentlichen Ereignissen der Weltgeschichte, vielerlei einzelne pädagogische und erzieherische Erfahrungen, vielerlei Einzelkenntnisse der menschlichen Kultur und Kulturen,	1 2 3 4 5		
106	vielerlei Einzelkenntnisse von menschlicher Bildung und Entwicklung, von der Reifung und dem Erwachsenenwerden sowohl in heutiger als auch in früherer Zeit, vielerlei Einzelerfahrungen in und mit - nicht nur erotischen – Partnerschaften (gleich- bzw. gegengeschlechtlichen), vielerlei Einzelkenntnisse in Fragen der Selbstverwirklichung, wie man Möglichkeiten zur Entfaltung und zur Geltung bringen kann, vielerlei Kenntnisse der menschlichen Psyche und Persönlichkeit	1 2 3 4 5		
107	Detailwissen zur Führung und Gestaltung verlangt, vielerlei Führungs- und Leitungskenntnisse, weiß in Einzelfällen, wie man führen und lenken muß, wozu und mit welchen Mitteln zu arbeiten ist, vielerlei Erfahrungen mit Lenkungssituationen und Lenkungsaufgaben, vielerlei Erfahrungen im Konstruieren und Gestalten von Geräten und Einrichtungen, vielerlei Einzelkenntnisse in der Ausübung von Macht und von Mitteln zur Machtgewinnung.	1 2 3 4 5		
108	vielerlei soziales und Wartungswissen erforderlich, vielerlei Erfahrungen in der Pflege und Erhaltung von Dingen, in der Wartung und Wiederherstellung ihrer Form und Funktion, vielerlei Erfahrungen in der Betreuung von und Hilfe für Menschen, vielerlei therapeutische und heilkundliche Einzelkenntnisse, vielerlei Einzelerfahrungen in der Beratung von Menschen	1 2 3 4 5		
109	detailhaftes ästhetisches und Qualitätswissen verlangt, einiges Kunstverständnis, kennt sich in der Malerei, Architektur, Bildnerei und Musik aufgrund vielerlei Einzeldaten aus, vielerlei Einzelkenntnisse auf musikalischem Gebiet,	1 2 3 4 5		
110	formales und organisatorisches Detailwissen wird verlangt, vielerlei Einzelerfahrungen in Verwaltungsfragen vom Erstellen von Schriftstücken über deren Abfertigung bis zur Ablage, vielerlei detailhafte Erfahrungen mit unterschiedlichen Organisationen bzw. in der organisatorischen Gestaltung von Abläufen, vielerlei mathematische Einzelkenntnisse, vielerlei Einzelkenntnisse in Kybernetik und Systemtheorie	1 2 3 4 5		
111	detailhafte Neuheiten- und Verfahrenskenntnisse sind gefordert, vielerlei Einzelkenntnisse in neuzeitlicher Technik, insbesondere auch in Haus- und Haushaltstechnik, vielerlei Einzelkenntnisse von modernen u. zukünftigen Entwicklungen, z.B. in der Informationstechnologie, vielerlei Neuheiten und Neuerfindungen, vielerlei Kenntnisse von Utopien und Zukunftswünschen der Menschen sowie fremden Ländern, Menschen und Kulturen	1 2 3 4 5		

112	vielerlei Detailwissen in Traditionen und Ökonomie erforderlich, vielerlei ökonomische und wirtschaftliche Einzelkenntnisse, vielerlei Wissen von den Vorkommnissen in der Wirtschaft, von Buchhaltung, Geld und Finanzen, vielerlei Einzelkenntnisse von Überlieferungen und Traditionen von Land und Beruf und darüber hinaus, vielerlei Einzelkenntnisse in Eigentums- und Besitzfragen	1 2 3 4 5	
113	Abstands- und Größenverhältnisse sind sicher abzuschätzen, Entfernungen sind ohne Hilfsmittel zu bestimmen, Teilungsverhältnisse müssen ohne Hilfsmittel eingehalten werden, Abweichungen in Längen, horizontaler und vertikaler Lage müssen schnell und sicher erkannt werden	1 2 3 4 5	
114	hohes geistiges Niveau der Aufgaben und Probleme, Wesentliches ist nur schwer herauszufinden, begriffliche Schärfe und Unterscheidungsgabe wird verlangt, analytisches Denken ist erforderlich,	1 2 3 4 5	
115	Es fallen Feinarbeiten an, die Fingergeschick verlangen, Tastaturen und ähnliche Einrichtungen müssen geschickt bedient werden, feine Handarbeiten, feinmechanische Aufgaben, Fingerspitzengefühl ist erforderlich	1 2 3 4 5	
116	Es sind viele und schwierige Entscheidungen zu treffen, erhebliche Entscheidungs- und Führungswiderstände, Bewußtheitsklarheit und Bestimmtheit sowie Entschlossenheit werden verlangt	1 2 3 4 5	
117	Es muß mit flächenhaften Formen gearbeitet werden, Abschätzung von Flächen und Formen, Flächen- und Formenvergleich, Formenerkennung und –unterscheidung	1 2 3 4 5	
118	es muß geistig viel Neues erlernt und angewandt werden, hohes Lerntempo, hohes Lernpensum, Einfallsreichtum, Phantasie, Kreativität des Denkens	1 2 3 4 5	
119	komplizierte Hand- und Handwerksarbeit, Handgeschick, Nähen, Stricken, Häkeln, Hämmern, Montieren, Basteln, Löten	1 2 3 4 5	
120	es sind mehrere Vorgänge gleichzeitig zu verfolgen, weiter Aufmerksamkeitshorizont, Aufmerksamkeitsreagibilität, schnelle Ansprechbarkeit der Aufmerksamkeit, ständiger Arbeits- und Aufmerksamkeitswechsel	1 2 3 4 5	
121	es ist aus der Fläche ins Räumliche zu projizieren, technische Zeichnungen lesen, Fotos räumlich sehen, räumliche Beziehungen in zweidimensionalen Projektionen erkennen	1 2 3 4 5	
122	Kombinationsaufgaben, unalltägliche geistige Aufgaben, geistige Beweglichkeit und Gewandtheit, Denken auf verschiedenen Ebenen, Denken in verschiedenen Perspektiven	1 2 3 4 5	
123	körperliche Beweglichkeit und Geschicklichkeit sind nötig, sportliche Betätigung, komplizierte Bewegungsräume, Beidhandgeschick,	1 2 3 4 5	
124	es muß besonders konzentriert und unablenkbar gearbeitet werden, Bewußtheitsschärfe und –genauigkeit, fixierende Aufmerksamkeit,	1 2 3 4 5	

125	umfassende, fundierte Lebenserfahrung erforderlich, Kenntnis der Zusammenhänge und Hintergründe des Lebens und vitalen Geschehens, Sinn für die tieferen Zusammenhänge und Hintergründe des praktischen Tuns und Handelns, umfassende biologische und ökologische Kenntnisse und Erfahrungen.	1 2 3 4 5	
126	Fundierte Theoriekenntnisse, geistige Vorstellungen, Begriffe und Begriffssysteme und ihre Zusammenhänge, fundierte geisteswissenschaftliche, idealistische, erkenntnistheoretische und philosophische Kenntnisse einschließlich der Zusammenhänge und Hintergründe, umfassende Allgemeinbildungsinhalte,	1 2 3 4 5	
127	Fundierte Repräsentations- und Gesellschaftskenntnisse, tiefreichende Kenntnisse und Erfahrungen aus dem Umfeld und dem weltlichen Geschehen, aus Nachbarschaft und Gemeinde, von Möglichkeiten und Hilfsmitteln im Umfeld einschließlich der bestehenden Zusammenhänge und Hintergründe	1 2 3 4 5	
128	Fundierte Wert- und Weltanschauungskenntnisse, umfassende Normenkenntnisse über den jeweiligen Sektor, umfassende religiöse Kenntnisse, tiefreichende Skalierungs- und Bewertungserfahrungen, Kenntnisse der einzelnen Handlungsvorschriften und –grenzen der betreffenden Situation und ihrer Zusammenhänge und Hintergründe	1 2 3 4 5	
129	fundiertes Sprachkönnen, literarisches, kulturelles Wissen nötig, fundiertes historisches (geschichtliches) Wissen, kennt die Hintergründe der Ereignisse und ihre Zusammenhänge, fundiertes und umfassendes literarisches Wissen, umfassende pädagogische und erzieherische Erfahrungen, umfassendes Wissen der menschlichen Kultur und Kulturen,	1 2 3 4 5	
130	umfassende, fundierte psychologische Kenntnisse nötig, umfassendes Wissen von menschlichen Bildungsvorgängen und Reifungsprozessen und ihren Hintergründen, langjährige und fundierte Erfahrungen in und mit Partnerschaften, fundierte Erfahrung in Fragen der Selbstverwirklichung, fundiertes Wissen von der menschlichen Psyche und Persönlichkeit und den wirkenden Zusammenhängen,	1 2 3 4 5	
131	fundiertes Führungs- und Gestaltungskönnen wird verlangt, umfassende Führungs- und Leitungskenntnisse für jede Situation und die jeweiligen Zusammenhänge, umfassende Führungserfahrungen für alle Situationen des Management, fundierte Erfahrungen im Konstruieren und Gestalten, fundierte und umfassende Kenntnisse in der Ausübung von Macht und den Hintergründen dazu,	1 2 3 4 5	
132	umfassendes Sozial- und/oder Servicekönnen und –wissen nötig, fundierte Erfahrungen und Kenntnisse in der Pflege und Erhaltung von Dingen, fundierte Erfahrungen in der Betreuung von und Hilfe für Menschen, fundierte therapeutische und heilkundliche Kenntnisse, umfassende, gründliche Erfahrungen in der Beratung von Menschen einschließlich des Wissens um die zu beachtenden Zusammenhänge.	1 2 3 4 5	

133	fundierte ästhetisch-künstlerische und/oder Qualitätskenntnisse nötig, umfassendes und fundiertes Kunstverständnis, fundiertes und gründliches musikalisches Wissen, fundiertes und umfassendes Wissen auf dem Gebiet der Malerei, der Stile und Techniken, umfassende und fundierte Architekturkenntnisse, der Stile, Planungen und Materialien.	1 2 3 4 5	
134	fundierte systemtheoretische und formale Kenntnisse erforderlich, umfassende Erfahrungen in Verwaltungsfragen und die herrschenden Zusammenhänge, fundierte und umfassende Organisationserfahrungen, gründliche und fundierte mathematische Kenntnisse in Theorie und Anwendung, fundierte Kenntnisse in Kybernetik und Systemtheorie in Theorie und Anwendung.	1 2 3 4 5	
135	fundierte Kenntnisse von Fernem, Fremdem u. Verfahrenssystemen nötig, fundiertes und gründliches Wissen in neuzeitlicher Technik, fundierte Kenntnisse von modernen u. zukünftigen Entwicklungen, mit allen Neuheiten gründlich vertraut, fundiertes Wissen von Utopien und Zukunftswünschen der Menschen und ihren Hintergründen.	1 2 3 4 5	
136	umfassendes betriebswirtschaftliches und Traditionswissen nötig, gründliches ökonomisches und wirtschaftliches Wissen einschließlich der Zusammenhänge und Hintergründe, fundiertes Wissen von Überlieferungen und Traditionen., fundiertes Wissen in Geld- und Finanzfragen sowie der bestehenden Zusammenhänge, fundiertes Wissen in Eigentums- und Besitzfragen sowie der Zusammenhänge und Hintergründe.	1 2 3 4 5	
201	braucht natürliche emotionale Impulse zur Bewältigung und zur Orientierung, braucht viel Eigeninitiative, muß von innen heraus agieren und reagieren, Beziehungen sind durch Unmittelbarkeit und Emotionalität bestimmt, eine praxisorientierte Ausrichtung erscheint nötig, Emotionalität und Ursprünglichkeit und Sinnlichkeit erwartet der Partner, Führung und Förderung brauchen ursprüngliches und unmittelbares Handeln	1 2 3 4 5	
202	Prüfungs- und Planungsaufgaben, disziplinierte und gesteuerte Reaktionsweisen, vernünftige Einteilung, rationale Argumentation und Steuerung, Beziehung zu Normen und Regeln, überlegte Reaktionen, kritische Einstellung	1 2 3 4 5	
203	Kontaktaufgaben, aktive Umweltzuwendung, Werbe- und Verkaufsfunktionen, allgemeine Zuwendung zur Umwelt, Außenwirkung, Überzeugung anderer, Aufgeschlossenheit und Zugehen auf andere und das weltliche Geschehen	1 2 3 4 5	
204	Arbeit und Umstände verlangen Distanz und Zurückhaltung, Reserviertheit und Abstandnahme, Innenwendung und Innenorientierung, Verschwiegenheit, Geheimnisse und Interna sind zu wahren,	1 2 3 4 5	
205	menschliches Einfühlungsvermögen und Fingerspitzengefühl nötig, lebhafte Abläufe, Begeisterungsfähigkeit, sprühende Äußerungsweise, unverbindliche vielfältige Kontakte, lockere, beschwingte Reaktionsweisen, Gesprächsbereitschaft, Ansprechbarkeit	1 2 3 4 5	

206	Arbeit muß stets im gleichen Team geleistet werden, dauerhafte Bindung wünschenswert, dauerhafte personale Partnerschaft, humanistische Haltung nötig, begrenzte menschliche Freiheit und Unabhängigkeit,	1 2 3 4 5	
207	Selbständiges Arbeiten und/oder Durchsetzungsaufgaben, eigenständiges Gestalten, Führen und Dominieren, Dinge und Situationen in Angriff nehmen, Schwierigkeiten überwinden, hartes und festes Material, Metall, Steine	1 2 3 4 5	
208	Ausführungsarbeiten mit Anpassung an Vorhandenes, Dienstleistungsfunktionen, soziale Anpassung und Hingabe, Sorge für andere und Betreuung von Menschen, weiches und plastisches Arbeitsmaterial; Arbeiten, die Anpassung verlangen, Tätigkeiten, bei denen fortführende Ausführung erforderlich ist, mehr pflegende als gestaltende Arbeiten, Arbeiten nach Weisung, Wartungsarbeiten, Dienstleistungen, weiches Material,	1 2 3 4 5	
209	risikoreiche, Optimismus verlangende Arbeit, unterhaltende, lustige und brillierende Tätigkeiten, Arbeiten, die Optimismus und Risikobereitschaft verlangen, all-round-Tätigkeiten, Edelmetalle, glänzende Stoffe, Effekte, besonders auch Lichteffekte	1 2 3 4 5	
210	Einzelheiten und Feinheiten sind für Erfolg entscheidend, Arbeit in kleinen Schritten, Fein- und Ordnungsarbeiten, Präzisionsarbeiten, Innendienst, Büroarbeit, besinnliche und ernste Arbeitshaltung mit Vorliebe zum Abwägen erforderlich	1 2 3 4 5	
211	dynamisches und schwungvolles, unternehmungslustiges Vorgehen nötig, Arbeiten, die Schwung und Dynamik, Unternehmungsgeist und Expansion verlangen, unkonventionelle Tätigkeiten, Abwechslung in der Arbeit	1 2 3 4 5	
212	Bestimmtheit und Festigkeit des Standpunkts wird verlangt, Tätigkeiten, die eine stetige und gleichmäßige, evtl. auch gleichförmige Arbeitsweise erfordern, bewahrende, sammelnde Tätigkeiten, erdiges Material, graphisches Gewerbe; Situationen, die Selbstbehauptung und Standfestigkeit erfordern	1 2 3 4 5	
225	braucht natürliche Impulsivität zur Bewältigung und zur Orientierung, braucht viel Spontaneität und Eindrucksbestimmtheit, muß augenblickshaft agieren und reagieren, Beziehungen sind durch Augenblickseinflüsse bestimmt, eine theoriefremde Ausrichtung erscheint nötig, emotionale Plötzlichkeit und Impulsivität erwartet der Partner, Führung und Förderung benötigen Einstellung auf plötzliche Impulse und Regungen Handeln	1 2 3 4 5	
226	Schematische Kontrollfunktionen, normierte und schablonenhafte Reaktionsweisen, Vernünftelei, schematische Einteilung, rationalistische Argumentation und Steuerung, Verhaftung in einengenden Normen und Regeln, kritikasterische Einstellung	1 2 3 4 5	

227	Darstellende Kontaktaufgaben, aggressive Umweltzuwendung, Reklamefunktionen, repräsentative Außenwirkung, Überzeugung anderer und Unterdrückung fremder Meinungen und Vorstellungen, Status, Prestige, öffentliche Anerkennung,	1 2 3 4 5	
228	Arbeit und Umstände verlangen Abgeschiedenheit, Alleinarbeit, Isolation, ichbezogene Betrachtungsweise, Verschweigen, Verstecken, Untertauchen, Verbergen, Geheimnisse und Interna sind zu wahren,	1 2 3 4 5	
229	dauerhafte soziale Bindungen sind unerwünscht, nur flüchtige und oberflächliche soziale Beziehungen erlaubt, schwärmerische und unstete Beziehungen und Äußerungsformen, ekstatische Begeisterungsformen werden angestrebt	1 2 3 4 5	
230	Aufgehen in der Arbeitsgemeinschaft/-gruppe wird verlangt, romantische Atmosphäre, Gefühlsduselei, subjektive und persönliche Gefühlsbeziehungen, Parteilichkeit, Arbeiten, bei denen Subjektivität nicht schadet bzw. Romantik gefordert ist, wo Ichbezogenheit und gefühlsmäßige Isolierung nicht schaden	1 2 3 4 5	
231	harte und spröde Gegenstände, große Widerstände, Tätigkeiten, die rücksichtsloses und aggressives Vorgehen verlangen, Zerstörungs-, Tötungsarbeiten	1 2 3 4 5	
232	es ist zu tun, was andere anordnen oder fordern, matschige und schleimige Materialien, Textilien, Arbeiten, die Nachgeben verlangen, wo Beeinflußbarkeit nicht schadet	1 2 3 4 5	
233	riskante Arbeiten und Entscheidungen, Arbeiten, die Tollkühnheit, Flüchtigkeit und Oberflächlichkeit erfordern, Selbstüberschätzung verlangen, denen Mangel an Selbstkritik nicht schadet	1 2 3 4 5	
234	Kleinigkeiten wesentlich, pedantische Arbeitsweise gefordert; Arbeiten, die pedantisches, ängstliches Zögern erfordern, Bearbeitung von Kleinigkeiten und Winzigkeiten	1 2 3 4 5	
235	wechselhafter bis sprunghafter Arbeitsverlauf, Arbeiten, die Unstetigkeit, Wechselhaftigkeit und Abenteuerlust erfordern, Arbeiten, die explosives, eruptives Vorgehen verlangen, Sprunghaftigkeit erfordern	1 2 3 4 5	
236	gleichförmiger bis monotoner Arbeitsablauf, Arbeiten ohne Umstellungen und ohne Wandel, Trotzhaltung ist unschädlich,	1 2 3 4 5	
301	vitale, sinnenhafte und sinnliche Reaktionsweisen erforderlich, praktische und anschauungsnahe Aufgaben, naturgebundene Tätigkeiten, Tätigkeiten im Freien und mit viel Bewegung, Gruppenarbeit und naturorientierte Gruppentätigkeiten, vitale Beziehungen, Partner fordert sinnliche und lebensnahe – auch physische –Beziehungen, lebensnahe, alltagsbezogene und vitale Führungsweise	1 2 3 4 5	
302	theoretische und wissenschaftliche Arbeiten, abstrakte Inhalte, formale Inhalte, geistige Beschäftigungen und Anregungen, Überlegungen, Untersuchungen, gedankliche Analysen, Impulse der Neugier und des Wissensdurstes, Informationsdrang, unbekannte Wirkungsgrößen, Detektivarbeit	1 2 3 4 5	

303	öffentliche Aufgaben, Publikum, Werbefunktionen, Interesse am Geschehen in Staat und Gesellschaft, in Nachbarschaft und im Bekanntenkreis, Wirkung nach außen, Auftretenssicherheit	1 2 3 4 5	
304	gesellschaftliche Normen und Wertskalen sind zu beachten, moralische und ethische Vorschriften und Handlungsbestimmungen sind bedeutsam, Tendenzbetrieb, moralische Beschränkungen sind wirksam, Identifikation mit Gruppennormen, ungeschriebene Gesetze, Streben nach Innenorientierung unterstützen	1 2 3 4 5	
305	sprachliche, literarische, kulturelle Aufgaben, Übersetzungen, Korrespondenz, Texten, journalistische Aufgaben, Findungs- und Entdeckungsfunktionen, historische Arbeiten, Supportaufgaben, pädagogische Aufgaben, Aufgaben des Supports	1 2 3 4 5	
306	Aufgaben bieten großen individuellen Gestaltungsspielraum, Selbstverwirklichungsmöglichkeit, Erfordernis der Aufprägung des eigenen Stempels, psychologische Aufgaben, Aufgaben der humanen Entwicklungshilfe, therapeutische Aufgaben – vor allem psychotherapeutische -.	1 2 3 4 5	
307	Leitungs- und Lenkungsaufgaben, Führungsfunktionen, Mentortätigkeiten, Bewältigungsaufgaben, eigenes Schaffen, Bewältigung, bewältigende Technik, Macht, Führung, Konstruktion, Machen, Naturwissenschaften (harte), Regieren, Domination, Bauen, Aufbauen, Gestalten, Fertigung	1 2 3 4 5	
308	Dinge müssen gewartet, Menschen betreut werden, caritative Aufgaben, Soziales, Menschen, Gruppen, Kinder, Hilfsbedürftige, Pflege, Instandhaltung, Heilen, Bemuttern, Wartung, Dienen, Mitmachen, Unterstützen	1 2 3 4 5	
309	Qualität und/oder Ästhetik der Ergebnisse sind wesentlich, Qualität, Güte, Schönheit, Ästhetik, Musisches, Musik, Kunst, Künstlerisches, Kunsthandwerk, Mode, Werbung, Schmuck,	1 2 3 4 5	
310	organisatorische, formale und mathematische Aufgaben, Verwaltung, Organisation, Logistik, Ordnung, Zahlen, Gliederung, Systematik, Formales, Informatik, EDV, Mathematik	1 2 3 4 5	
311	hohe Veränderungs- und Innovationsraten der Aufgaben, Fernes, Neues, Fortschritt, Reise, Reisen, Verkehr, Zukünftiges, Forschung, Neuheiten, Progressives, Abwechslung, Handel, Handeln, Exotisches, Unbekanntes	1 2 3 4 5	
312	Vertrautes, Bekanntes als Aufgabeninhalte, Bau, Boden, Immobilien, Geld, Bankwesen, Rechnungswesen, Land- und Forstwirtschaft, Vertrautes, Bekanntes, Besitz, Tradition, Sicherheit, Gewohnheiten, Vergangenes, Nahes, Heutiges, Gegenwärtiges	1 2 3 4 5	
325	vitale, sinnenhafte und sinnenabhängige Reaktionsweisen erforderlich, primitive und einfache Aufgaben, naturverhaftete Tätigkeiten, Tätigkeiten im Freien und mit viel Abhängigkeit, genußbestimmte Gruppentätigkeiten, vitale ungeistige Beziehungen, Partner fordert sinnenbeherrschte Beziehungen, alltagsbezogene undifferenzierte Führungsweise	1 2 3 4 5	

326	Spekulative und utopische, evtl. esoterische Arbeiten, formalistische Inhalte, „geistig-idealistische" Beschäftigungen und Anregungen, spekulative Analysen, kindliche Neugier, Informationssucht, unbekannte fiktive Wirkungsgrößen, Detektivarbeit	1 2 3 4 5	
327	öffentliche Aufgaben, Publikum, Reklamefunktionen, Streben nach Publikumswirkung, Erregen der Aufmerksamkeit der anderen, Pose, Äußerlichkeiten, Theatralik, Bühnenarbeit	1 2 3 4 5	
328	gesellschaftliche Normen und Wertskalen sind unabdingbar, moralische und ethische Vorschriften und Handlungsbestimmungen sind fundamental und rigoros, ausgesprochener Tendenzbetrieb, moralische Beschränkungen sind unabänderlich, Identifikation mit Gruppennormen ist grundsätzliche Voraussetzung, orthodoxe und rigide ungeschriebene Gesetze,	1 2 3 4 5	
329	nützlichkeitsferne kulturromantische Aufgaben, schöngeistige Aufgaben, scheinliterarische Tätigkeiten, trivialer Journalismus, Vorstadtjournalismus, Reklametexterei, Schöngeistigkeit, Utopien, modische Zeitströmungen	1 2 3 4 5	
330	Subjektivität, Sachfremdheit in Inhalt und Vorgehen, selbstbetonte Funktionen, individualistische Lebensformen, Singletum, Selbstverwirklichung um jeden Preis, Subjektives, Ichhaftes, Romantik, Singletum, Absonderung durch Inhalte	1 2 3 4 5	
331	Technokratie, Macht, Kritik und Herrschaft als Inhalte, Diktieren, Kommandieren, Zerstörung, Vernichtung, Krieg, Überwältigen, Unterdrücken,	1 2 3 4 5	
332	Fürsorge, bemutternde Bevormundung als Inhalte, Fürsorge, Verhätscheln, Herrschen durch Schwäche; erlernte Hilflosigkeit stört nicht	1 2 3 4 5	
333	Reklame, Effekte, Äußerlichkeiten als Arbeitsinhalte, Flitter, Tand, Effekte, Äußerlichkeiten, Kitsch, Tamtam,	1 2 3 4 5	
334	strenge Normen, bürokratische Formalismen als Inhalte, Bürokratisches, Registratur, Schemata, Ordnungsvorschriften, Regelhaftigkeiten	1 2 3 4 5	
335	absoluter Fortschritt, Abenteuer, Rumreiserei als Inhalte, Exotik, Unbeständigkeit, Fortschrittssucht, Fernweh	1 2 3 4 5	
336	Gewohnheiten, absolute Sicherheit, alles, was m a n tut, Gestriges, Übliches, Horten, Müll, Abfall, Vergangenheit, Überholtes	1 2 3 4 5	

Diese Checkliste wird möglichst von mehreren Kennern des Arbeitsplatzes unabhängig voneinander ausgefüllt. Alle Bewertungen werden am Bildschirm in das Auswertungsprogramm DAEb übertragen, das sie alle gemeinsam verarbeitet und im dickumrandeten Kästchen die Ergebnisse auswirft, z.B. für einen Teamleiter in einem Entwicklungsteam für verhaltensdiagnostische Verfahren (an die Stelle des v am Ende ist hier ein x zu denken):

Verhaltenssystembild

Anforderungen

	real	imag	| |		real	imag		real	imag	| |			
Pv	5,4	3,8	5,1	Sbgv	-2,3	-2,3	Egv	-1,4	-1,1	vlv	5,2	VyV	42,4
Rv	7,7	6,1	7,1							dkv	8,1	IyV	64,7
Uv	5,7	4,5	5,5	Sägv	0,5	-0,2				ffv	6,6	FyV	44,4
Üv	5,2	4,7	5,3							wev	4,5	WyV	47,8
Kv	5,7	4,2	5,4	Gegv	-0,9	-0,8	Mnv	-0,2	-0,1	vpv	5,4	TyV	49,1
Bv	6,6	5,0	6,2							dpv	6,6		
Gv	4,8	3,2	4,5	Gbgv	-0,5	-0,6				fhv	4,0		
Sv	5,3	3,8	5,0							wmv	5,8		
Ev	4,8	3,3	4,6	Wegv	-2,4	-3,3	Wtv	-1,0	-1,4	vkv	3,7		
Ov	7,2	6,6	7,1							dev	7,7		
Fv	5,3	4,3	5,2	Wbgv	-0,4	-0,6				fkv	5,2		
Tv	5,7	4,9	5,7							wkv	7,3		
Inv	5,8	4,5	5,6	Ingv	1,3		INV	-0,9	-0,9	Lü	###		

In die Sprache übersetzt heißt das:

Umweltsystemkurzbefund (DBBbk)

Name:	Teamleiter Verfahrensentwicklung
Alter:	neu eingerichtet
Vorbildung:	Promotion
Beruf:	Psychologe
Zweck der Untersuchung:	Anforderungsbeschreibung
Untersuchungsmaterial:	Stellenbeschreibung, Arbeitsplatz, Team
Prüfverfahren:	DBBk-DAEb

Der erste Eindruck, den man von diesem System gewinnt, pendelt im allgemeinen zwischen *mäßig gedämpft* und *leicht übersteuert.* Dieser bildet sich auf einer *mäßig gefestigten eher eigenständigen* Grundlage verbunden mit *wenig ausgereiften* Zügen.

Auf dieser Basis entwickelt sich eine *deutlich gedämpfte* sowie *recht gespannte* Form des Systems. Das führt zu einer *eher überlegten* aber auch *eher lebensfremden* Selbstbestimmungsweise. Dazu trägt ein *naturnahes* sowie *eher alltägliches* Element bei, das die Impulse liefert, sowie ein *intellektuelles* und *verregeltes* Organ, das die Übersicht und Lenkung managen soll. Nach außen bildet sich dabei ein *ansprechbarer,* aber auch *neutralistischer* Stil der Begegnung mit der Welt an sich und umfassenderen Gesellschaften. Der Umwelt wendet dieses System sich nämlich im allgemeinen *lebhaft,* wenn auch *eher unbeteiligt* zu, während von seinen Normen *bedingt bestimmte* und *ansatzweise illiberale* Impulse ausgehen, die seine Haltung zu und in dieser Welt mitformen.

In sozialer Hinsicht wirkt das System *eher ausgeglichen* und *leicht uneindeutig.* Dahinter steht im allgemeinen ein *eher verständiger,* aber auch *eher beeinflußbarer* Gemeinschaftsstil mit anderen. Verbunden damit ist eine *eher kulturgebundene* zugleich auch *eher materialistische* soziale Ansprechbarkeit, und das bei einer *beteiligten* Einstellung mit *eher romantischen* Zügen zu humanen Fragen und Beziehungen. Sobald es um die Auseinandersetzung mit und das Leben in der sozialen Umwelt geht, stößt man bei diesem System auf *fortführende,* aber auch *eher folgsame* Züge. Dieses ist gepaart mit einer *ausgesprochen kooperativen* Bewältigungsweise verbunden mit *ausgesprochen unentschiedenen* Zügen sowie einer *ausgesprochen ansprechbaren* und *uninteressierten* Anpassung.

Im Umgang mit den Dingen, Problemen und Aufgaben des Lebens und auch des Berufs stößt man im vorliegenden Falle generell bei diesem System auf einen *mäßig gedämpft* und doch *eher übersteuert* wirkenden Handlungsstil. Dabei werden die mannigfachen Eindrücke von ihm *gegliedert,* aber auch *einzelheitlich* erfaßt. Die allgemeine Einstellung zu derartigen Situationen erscheint dabei *bedingt frei* und *sehr irritierbar,* wobei die erfaßten Inhalte weitgehend *ausgesprochen umfassend* und *katalogisierend* verarbeitet werden dürften. Der Umgang mit den Situationen, Dingen, Aufgaben und Problemen wird im allgemeinen von einem *eher regen* aber auch *ungleichmäßigen* Aktionsstil geleitet. Dahinter stehen einerseits Züge von *größerer Rührigkeit* und *wenig Interesse,* andererseits solche von *erhöhtem Gleichmaß* und *Unbestimmtheit.*

Dabei fordert es eine *ausgeprägte* Denkart. Die *überdurchschnittlich* ausgeprägte Willens- und Bewußtheitsfähigkeit steht wie die anderen Begabungen im Dienste der aufgezeigten Strukturen und wird von ihnen eingesetzt. Bei *ausgesprochen kompromißbereiter* Entscheidungsweise und Bewußtheitsklarheit ist das Wesentliche geistiger Probleme *ausgesprochen scharf* zu erkennen, d.h. zugleich analytisch zu erfassen. Auf dieser Grundlage benötigt man eine *rationale* Urteilsweise. Auf die Vielfalt der Eindrücke ist *normal* anzusprechen, wie es seinem Bewußtseinshorizont entspricht. Innere, aber auch äußere Informationen sind geistig *weitgehend* aufzunehmen, um sie im Zuge der Informationsverarbeitung zu nutzen. Das ist die Grundlage für eine erforderliche *aufgeschlossene* Lernweise und Informationsverarbeitung. Da es zudem die Fähigkeit verlangt, sich seiner Bewußtheitsschärfe entsprechend *annähernd straff* zu konzentrieren und seine Gedanken und Denkinhalte *eher vielfältig* miteinander zu verknüpfen, braucht eine *geschickte* Kombinationsweise zur Bewältigung praktischer Probleme zur Verfügung.

Auf Seiten der assimilierenden, gestaltenden Fähigkeiten finden sich *durchschnittliche* Vorstellungs- und *übermittlerer* Fertigungsfähigkeiten im Anforderunsprofil. Das *ziemlich normale* lineare Vorstellvermögen als Basis der Distanzeneinschätzung sollte sich mit *leicht erhöhtem* Feingeschick zu *geschmeidigen* Handhabungsweisen verbinden. Von der verlangten Handfertigkeit her erweist es sich als *eher mäßig* entwickelt, und das bei *ziemlich normalem* Formvorstellungsvermögen, so daß damit zu rechnen ist, daß es dann handwerklich *einigermaßen* funktionieren wird. Infolge der *sehr mäßig* angesetzten räumlichen Vorstellfähigkeit und *eher mittel* wirkenden Bewegungskoordination kann im allgemeinen von einer *ungenauen* Ausführung bei Gestaltungsprozessen ausgegangen werden.

.-.

Eine derartige sprachliche Anforderungsdarstellung bietet zudem die Möglichkeit, die Analyseergebnisse noch einmal zu überprüfen, ehe ihre Ergebnisse in den Gang der Personalauswahl einbezogen werden.

Informationsbasis zur Vorauslese

Der erweiterte Personalbogen

Auch ein derart verkürztes System braucht eine Fülle von Informationen, um zu brauchbaren Ergebnissen zu führen. Und diese Informationen liefern die üblichen Bewerbungsunterlagen keineswegs im erforderlichen Umfang. Also müssen wir uns überlegen, wie wir sie gewinnen können. Und dazu steht uns im Zuge des schriftlichen Bewerbungsganges lediglich die Möglichkeit einer schriftlichen Befragung zur Verfügung. Man muß also in die üblichen Bewerbungsunterlagen, etwa den Personalbogen einen systemgerechten Fragebogen einarbeiten, der allerdings der Zustimmung des Betriebsrates bedarf. Wenn man z.B. den Betriebsratvorsitzenden in den Vorausleseausschuß einbezieht und ihn zusammen mit anderen Ausschußmitgliedern schult, dürfte durchaus die Möglichkeit bestehen, eine Zustimmung zu erhalten, den nach Aussortieren der sowieso nicht infrage kommenden Bewerber an die übrigen oder übrig gebliebenen zu sendenden Personalbogen um einen solchen Fragebogen zu ergänzen, wie er nachstehend folgt:

Bewerberkurzauskunft (DFk2)

Anweisung: Damit wir ihre Bewerbung noch besser werten können, beantworten Sie bitte die nachstehenden Fragen. Bewerten Sie dazu nach folgender Skala, wie Sie sich selbst **bei Übernahme der vorgesehenen Stelle** in den einzelnen Punkten einschätzen. Lassen Sie keine Frage aus. Tragen Sie die Werte nach folgender Skala in die Spalte A ein, indem Sie die zutreffende Ziffer durchstreichen (/). Zwischenwerte (1,5; 2,5; usw.) sind erlaubt.

1= trifft nicht zu, eher das Gegenteil ist der Fall;
2= trifft wenig zu, selten, recht mäßig
3= mittel, durchschnittlich, zeitweise, normal;
4= ausgeprägt, häufig, meistens, deutlich
5= trifft immer zu, überragend, unbedingt zu bejahen, stets

Name:
Alter:
angestrebte Position:

	Fragen	A	I
a101	Ich verfüge über vielerlei Erfahrungen im täglichen Leben.	1 2 3 4 5	
a102	Ich verfüge über vielerlei philosophische Kenntnisse	1 2 3 4 5	
a103	Breite und Vielzahl meiner Einzelkenntnisse von der Gesellschaft	1 2 3 4 5	
a104	Breite und Vielzahl meiner Einzelkenntnisse weltanschaulicher Inhalte	1 2 3 4 5	
a105	Ich verfüge über vielerlei historische (geschichtlichen) Einzelkenntnisse	1 2 3 4 5	
a106	Ich verfüge über vielerlei Einzelkenntnisse von menschlicher Bildung.	1 2 3 4 5	
a107	Ich verfüge über vielerlei Führungs- und Leitungskenntnisse..	1 2 3 4 5	
a108	Ich verfüge über vielerlei Erfahrungen in der Pflege und Erhaltung von Dingen	1 2 3 4 5	
a109	Ich besitze einiges Kunstverständnis.	1 2 3 4 5	
a110	Ich verfüge über vielerlei Einzelerfahrungen in Verwaltungsfragen.	1 2 3 4 5	
a111	Ich verfüge über vielerlei Einzelkenntnisse in neuzeitlicher Technik.	1 2 3 4 5	
a112	Ich habe vielerlei ökonomische und wirtschaftliche Einzelkenntnisse.	1 2 3 4 5	
a113	Eine Strecke ohne Hilfsmittel in 3 gleiche Teile zu teilen, gelingt mir haargenau.	1 2 3 4 5	
a114	Bei geistigen Aufgaben erkenne ich schnell das Wesentliche.	1 2 3 4 5	
a115	Ich habe sehr geschickte Finger.	1 2 3 4 5	
a116	Im Beruf wie im Privatleben entscheide ich sehr energisch.	1 2 3 4 5	
a117	Puzzles kann ich schnell und sicher lösen.	1 2 3 4 5	
a118	Ich lerne ständig dazu.	1 2 3 4 5	
a119	In der Arbeit mit den Händen bin ich geschickt.	1 2 3 4 5	
a120	Auf Anregungen von außen spreche ich voll an.	1 2 3 4 5	
a121	Ich habe ausgeprägtes Können in Raumlehre (Stereometrie).	1 2 3 4 5	
a122	Ich kann geistig – gedanklich - geschickt kombinieren.	1 2 3 4 5	
a123	Ich habe ein ausgeprägtes Balancegefühl.	1 2 3 4 5	
a124	Bei der Arbeit kann ich mich konzentrieren	1 2 3 4 5	
a125	Ich handle oft impulsiv, aus dem Augenblick heraus.	1 2 3 4 5	
a126	Ich lebe und arbeite mit Vorliebe nach einem festen Schema.	1 2 3 4 5	
a127	Ich lege großen Wert auf Äußerlichkeiten (Kleidung usw.)	1 2 3 4 5	
a128	Kontakten gehe ich - soweit nicht für die Arbeit erforderlich - aus dem Wege	1 2 3 4 5	
a129	Ich gerate leicht in Aufregung	1 2 3 4 5	
a130	Ich werde leicht sentimental.	1 2 3 4 5	
a131	Gegenüber anderen Menschen reagiere ich leicht zu scharf.	1 2 3 4 5	
a132	Gegenüber den Wünschen anderer gebe ich leicht nach.	1 2 3 4 5	

a133	Ich überschätze meine Möglichkeiten	1 2 3 4 5	
a134	Ich bin besonders vorsichtig	1 2 3 4 5	
a135	Ich bin innerlich voller Unruhe und Unrast.	1 2 3 4 5	
a136	Meinen Grundsätzen bleibe ich unbedingt treu..	1 2 3 4 5	
b101	Ich reagiere im Leben unmittelbar	1 2 3 4 5	
b102	Ich plane - auch im Alltag - sehr sorgfältig im voraus.	1 2 3 4 5	
b103	Ich versuche stets, mit anderen Menschen in Kontakt zu kommen	1 2 3 4 5	
b104	Im Umgang mit anderen Menschen halte ich mich zurück	1 2 3 4 5	
b105	Ich lasse mich schnell für Neues begeistern	1 2 3 4 5	
b106	Ich habe unauflösliche feste und langjährige Freundschaften	1 2 3 4 5	
b107	Ich kann mich gegenüber anderen Menschen durchsetzen.	1 2 3 4 5	
b108	Ich passe mich den jeweiligen Umständen an.	1 2 3 4 5	
b109	Ich traue mir selbst in meinem Beruf viel zu.	1 2 3 4 5	
b110	Ich nehme Dinge und Vorgänge im Leben sehr ernst.	1 2 3 4 5	
b111	Ich bin ein schwungvoller Mensch	1 2 3 4 5	
b112	Meinem eigenen Standpunkt kann ich behaupten	1 2 3 4 5	
b113	Ich habe ein gutes Augenmaß, um Längen und Abstände richtig einzuschätzen.	1 2 3 4 5	
b114	Ich kann geistig immer Wesentliches von Unwesentlichem unterscheiden.	1 2 3 4 5	
b115	Bei feinen Handarbeiten bin ich geschickt.	1 2 3 4 5	
b116	Ich schließe im Leben und im Beruf keinerlei Kompromisse.	1 2 3 4 5	
b117	Formenunterschiede kann ich exakt unterscheiden.	1 2 3 4 5	
b118	Neues kann ich leicht erlernen.	1 2 3 4 5	
b119	Ich bin handwerklich begabt.	1 2 3 4 5	
b120	Ich kann mehrere Vorgänge (Gespräche usw.) zugleich verfolgen.	1 2 3 4 5	
b121	Technische Zeichnungen kann ich gut lesen und mir die Geräte vorstellen.	1 2 3 4 5	
b122	Anfallende Aufgaben betrachte ich von verschiedenen Seiten zugleich.	1 2 3 4 5	
b123	Ich bin im allgemeinen körperlich beweglich.	1 2 3 4 5	
b124	Bei der Arbeit lasse ich mich nicht ablenken.	1 2 3 4 5	
b125	Ich lege großen Wert auf eine gute Kantine	1 2 3 4 5	
b126	Praktische und alltägliche Arbeiten lehne ich ab.	1 2 3 4 5	
b127	Ich stehe gerne im Mittelpunkt	1 2 3 4 5	
b128	Menschen mit anderen Anschauungen (Religion, Partei, usw.) begegne ich mit besondere Vorsicht.	1 2 3 4 5	
b129	Mich interessieren insbesondere kulturelle und literarische Aufgaben	1 2 3 4 5	
b130	Ich sollte möglichst immer mit den gleichen Menschen zusammenarbeiten	1 2 3 4 5	

b131	Mich interessieren Waffen und Waffentechnik .	1 2 3 4 5	
b132	Technischen Aufgaben und Fragen gehe ich aus dem Wege.	1 2 3 4 5	
b133	Nüchterne und sachliche Möbel im Bürostil lehne ich grundsätzlich ab.	1 2 3 4 5	
b134	Bei mir muß sich alles berechnen lassen, damit ich mich wohlfühle.	1 2 3 4 5	
b135	Ich meide Gewohntes und Übliches .	1 2 3 4 5	
b136	Fremdes und Neuartiges bringt mich hier und dort aus dem Konzept.	1 2 3 4 5	
c101	Ich liebe Praktisches und praktisches Handeln.	1 2 3 4 5	
c102	Ich bin theoretisch und wissenschaftlich außerordentlich interessiert.	1 2 3 4 5	
c103	Ich habe ein ausgeprägtes Interesse am Geschehen in meiner engeren Umwelt	1 2 3 4 5	
c104	Ich habe strenge Moralvorstellungen	1 2 3 4 5	
c105	Ich interessiere mich für Literatur.	1 2 3 4 5	
c106	enge und freundschaftliche Zusammenarbeit ist mir wichtig	1 2 3 4 5	
c107	Ich bin technisch interessiert.	1 2 3 4 5	
c108	Ich lege viel Wert auf gute Zusammenarbeit	1 2 3 4 5	
c109	Ich interessiere mich für Aufgaben in der Werbung und im Künstlerischen	1 2 3 4 5	
c110	Ich arbeite gern mit Zahlen.	1 2 3 4 5	
c111	Ich bin an abwechslungsreicher Arbeit interessiert	1 2 3 4 5	
c112	Ich suche einen festen Arbeitsplatz	1 2 3 4 5	
c113	Ich habe ein gutes Augenmaß, um Längen und Abstände richtig einzuschätzen.	1 2 3 4 5	
c114	Ich bin fähig, Zahlenreihen schnell zu analysieren, um sie richtig fortzusetzen	1 2 3 4 5	
c115	Ich vertippe mich nur sehr selten	1 2 3 4 5	
c116	Jede Art von Unbestimmtheit und Verschwommenheit lehne ich ab	1 2 3 4 5	
c117	Ähnlichkeiten zwischen Formen fallen mir sofort auf	1 2 3 4 5	
c118	Ich verfüge über ein umfangreiches Wissen	1 2 3 4 5	
c119	Schlosser- und Tischlerarbeiten gelingen mir meistens	1 2 3 4 5	
c120	Ich überschaue stets mehrere Vorgänge zur gleichen zeit	1 2 3 4 5	
c121	Auch bei einäugigem Sehen erlebe ich meine Umwelt dreidimensional	1 2 3 4 5	
c122	Ich kann meine Gedanken sprachlich sehr genau darstellen und wiedergeben	1 2 3 4 5	
c123	Mein Gang ist locker und elastisch, ohne Härte und Steifhheit	1 2 3 4 5	
c124	Meine Gedanken schweifen nie ab	1 2 3 4 5	
c125	Ich verfüge über vertiefte und fundierte Erfahrungen im täglichen Leben.	1 2 3 4 5	
c126	Ich verfüge über fundierte und umfassende theoretische Kenntnisse.	1 2 3 4 5	

c127	Ich verfüge über fundiertes und umfassendes Wissen von Staat und Gesellschaft	1 2 3 4 5	
c128	Ich verfüge über umfassende und fundierte Kenntnisse weltanschaulicher Inhalte	1 2 3 4 5	
c129	Ich verfüge über fundiertes historisches (geschichtliches) Wissen	1 2 3 4 5	
c130	Ich verfüge umfassendes Wissen von menschlichen Bildungsvorgängen.	1 2 3 4 5	
c131	Ich verfüge über umfassende Führungs- und Leitungskenntnisse..	1 2 3 4 5	
c132	Ich verfüge über fundierte Erfahrungen in der Pflege und Erhaltung von Dingen	1 2 3 4 5	
c133	Ich besitze umfassendes und fundiertes Kunstverständnis.	1 2 3 4 5	
c134	Ich verfüge über umfassende Erfahrungen in Verwaltungsfragen.	1 2 3 4 5	
c135	Ich verfüge über fundiertes und gründliches Wissen in neuzeitlicher Technik.	1 2 3 4 5	
c136	Ich habe gründliches ökonomisches und wirtschaftliches Wissen	1 2 3 4 5	
d101	Ich habe vielerlei Einzelkenntnisse vom Leben und vom Lebendigen.	1 2 3 4 5	
d102	Ich verfüge über vielerlei Einzelkenntnisse in Erkenntnislehre und -theorie.	1 2 3 4 5	
d103	Ich verfüge über vielerlei Werbe- und Propagandakenntnisse.	1 2 3 4 5	
d104	Ich habe vielerlei Kenntnisse in Rechts-, vor allem Strafrechtsfragen.	1 2 3 4 5	
d105	Ich verfüge über vielerlei Einzelkenntnisse der menschlichen Kultur und Kulturen.	1 2 3 4 5	
d106	Ich verfüge über vielerlei Kenntnisse der menschlichen Psyche und Persönlichkeit	1 2 3 4 5	
d107	Ich habe vielerlei Erfahrungen in der Ausübung von Macht.	1 2 3 4 5	
d108	Ich habe vielerlei Einzelerfahrungen in der Beratung von Menschen.	1 2 3 4 5	
d109	Ich verfüge über vielerlei einzelne Architekturkenntnisse.	1 2 3 4 5	
d110	Ich verfüge über vielerlei Einzelkenntnisse in Kybernetik und Systemtheorie.	1 2 3 4 5	
d111	Ich habe vielerlei Kenntnisse von Utopien und Zukunftswünschen der Menschen.	1 2 3 4 5	
d112	Ich verfüge über vielerlei Einzelkenntnisse in Eigentums- und Besitzfragen.	1 2 3 4 5	
d113	Ich sehe mit bloßem Auge, wenn eine Wand nicht exakt senkrecht steht	1 2 3 4 5	
d114	Auch bei unbekannten Sachverhalten erkenne ich stets das Wesentliche des Problems	1 2 3 4 5	
d115	Auch bei kurzen Fadenenden kann ich sicher Knoten knöpfen	1 2 3 4 5	
d116	Ich bin mir stets klar darüber, was ich will	1 2 3 4 5	
d117	Fehler in Mustern finde ich sofort	1 2 3 4 5	
d118	Ich habe viel Phantasie und ständig neue Einfälle	1 2 3 4 5	

d119	Ich kann geschickt mit Werkzeugmaschinen und maschinellen Werkzeugen hantieren	1 2 3 4 5	
d120	Auf äußere Eindrücke reagiere ich innerlich sehr schnell	1 2 3 4 5	
d121	Die üblichen Fernsehbilder sehe ich räumlich (dreidimensional)	1 2 3 4 5	
d122	Ich denke stets sehr folgerichtig	1 2 3 4 5	
d123	Körperlich bin ich im allgemeinen geschickt und unverkrampft	1 2 3 4 5	
d124	Ich bin immer voll und ganz bei der Sache	1 2 3 4 5	
d125	Ich reagiere impulsiv und ohne lange zu überlegen	1 2 3 4 5	
d126	Ich bin ein besonders disziplinierter Mensch.	1 2 3 4 5	
d127	Im Umgang mit anderen suche ich, deren Aufmerksamkeit zu wecken.	1 2 3 4 5	
d128	Ich gehe am liebsten auf einsamen Wegen allein spazieren.	1 2 3 4 5	
d129	Meine Beziehungen zu anderen bleiben oberflächlich.	1 2 3 4 5	
d130	Meine Einstellung gegenüber anderen ist persönlich gefärbt	1 2 3 4 5	
d131	Ich setze mich im Beruf unbedingt durch.	1 2 3 4 5	
d132	Der Meinung anderer Menschen schließe ich mich gerne an.	1 2 3 4 5	
d133	Ich liebe im Beruf das Risiko	1 2 3 4 5	
d134	Ich vermeide in der Arbeit jedes Risiko	1 2 3 4 5	
d135	Ich reagiere oft ungestüm.	1 2 3 4 5	
d136	Änderungen und Veränderungen vermeide ich strikt.	1 2 3 4 5	
e101	Ich brauche eine Arbeit, bei der ich selbst handeln muß.	1 2 3 4 5	
e102	Ich kontrolliere mein Tun sorgfältig und nach Plan.	1 2 3 4 5	
e103	Ich lebe und handle gern in Gesellschaft und zusammen mit anderen.	1 2 3 4 5	
e104	Ich arbeite gern allein und für mich.	1 2 3 4 5	
e105	Ich verfüge über Einfühlungsvermögen gegenüber anderen Menschen.	1 2 3 4 5	
e106	Ich gehe im allgemeinen enge und dauerhafte Bindungen mit anderen ein	1 2 3 4 5	
e107	In meiner Arbeit brauche ich Widerstände, die zu überwinden sind.	1 2 3 4 5	
e108	Ich arbeite gern mit weichem, plastischem Material (Ton, Textilien usw.).	1 2 3 4 5	
e109	Ich traue mir viel zu	1 2 3 4 5	
e110	Ich beschäftige mich gern mit kleinen und feinen Dingen.	1 2 3 4 5	
e111	Ich trachte danach, Neues in Angriff zu nehmen.	1 2 3 4 5	
e112	Ich arbeite stetig und gleichmäßig	1 2 3 4 5	
e113	Unterschiedliche Abstände zwischen Bildern an der Wand erkenne ich sofort	1 2 3 4 5	
e114	Denkfehler in Gedankenfolgen und Texten finde ich schnell heraus	1 2 3 4 5	
e115	Streichhölzer und ähnliche Dinge kann ich schnell und sicher sortieren	1 2 3 4 5	
e116	Ich liebe klare und energische Entscheidungen	1 2 3 4 5	
e117	Auch feine Formenunterschiede erkenne ich schnell	1 2 3 4 5	

e118	Ich verfüge über einen großen Wortschatz	1 2 3 4 5	
e119	Meine Handarbeiten, handwerklichen Arbeiten finden allgemein Anerkennung	1 2 3 4 5	
e120	Ich bin sehr wendig und umstellungsfähig	1 2 3 4 5	
e121	Wenn ich mich an einen Weg erinnere, sehe ich ihn räumlich vor mir	1 2 3 4 5	
e122	Ich kann meine Gedanken meistens auch formal darstellen und beschreiben	1 2 3 4 5	
e123	Meine Bewegungen sind nie lasch und nachlässig	1 2 3 4 5	
e124	Ich bin stets ein sehr aufmerksamer Zuhörer	1 2 3 4 5	
e125	Wissenschaften und Theorien stören mich und sollten abgeschafft werden.	1 2 3 4 5	
e126	Gedankliche Spielereien und Planungen sind mir besonders lieb.	1 2 3 4 5	
e127	Ich arbeite gerne in Gruppen, deren Mitglieder mich anerkennen	1 2 3 4 5	
e128	Ich habe besonders strenge Moralvorstellungen	1 2 3 4 5	
e129	Ich schwärme für und von Literatur, Romanen, Dichtung usw..	1 2 3 4 5	
e130	Meine Arbeit will ich in meinem Sinne gestalten	1 2 3 4 5	
e131	Ich strebe nach Macht und Einfluß.	1 2 3 4 5	
e132	ich möchte andere beraten und belehren	1 2 3 4 5	
e133	Ich suche einen schönen und ansprechenden Arbeitsplatz	1 2 3 4 5	
e134	Improvisationen und Ungefährlösungen lehne ich ab	1 2 3 4 5	
e135	Meine Arbeit sollte jeden Tag etwas Neues bieten	1 2 3 4 5	
e136	Ich bin gegen jeden Fortschritt.	1 2 3 4 5	
f101	Ich bin Naturfreund und -liebhaber.	1 2 3 4 5	
f102	Ich interessiere mich für Philosophie und Geistesgeschichte.	1 2 3 4 5	
f103	Ich interessiere mich für Vorgänge in Staat und Gesellschaft.	1 2 3 4 5	
f104	Ich bevorzuge ein straff organisiertes Unternehmen Mensch.	1 2 3 4 5	
f105	Ich habe großes Interesse an Sprachen	1 2 3 4 5	
f106	Ich trachte vor allem danach, meine eigenen Möglichkeiten voll zu entfalten.	1 2 3 4 5	
f107	Ich möchte andere führen, Führungsaufgaben übernehmen.	1 2 3 4 5	
f108	Ich interessiere mich sehr für die Lebensumstände anderer Menschen.	1 2 3 4 5	
f109	Ich bln eln muslscher und kÜnstlerlscher Mensch.	1 2 3 4 5	
f110	Bei mir muß alles seine Ordnung haben.	1 2 3 4 5	
f111	Ich bin an allem Fremden interessiert.	1 2 3 4 5	
f112	Wirtschaftlichkeitsüberlegungen und Kostensenkungen interessieren mich	1 2 3 4 5	
f113	Ich kann ohne Hilfsmittel sehen, ob ein Fußboden horizontal oder schief ist	1 2 3 4 5	
f114	Ich kann auch formalen, z.B. mathematischen usw. Darstellungen gut folgen	1 2 3 4 5	

f115	Kleinste Schrauben kann ich sicher mit den Fingern eindrehen	1 2 3 4 5	
f116	Kooperative Entscheidungen lehne ich ab	1 2 3 4 5	
f117	Ob Flächen verschiedener Formen gleich groß sind, finde ich ohne Hilfsmittel schnell heraus	1 2 3 4 5	
f118	Ich habe täglich neue Ideen	1 2 3 4 5	
f119	Im Reparieren von Geräten und Einrichtungen habe ich viel Erfolg	1 2 3 4 5	
f120	Ich beschäftige mich immer mit mehreren Dingen zur gleichen Zeit	1 2 3 4 5	
f121	Ich kann Bauzeichnungen gut lesen und mir daran die Räume vorstellen	1 2 3 4 5	
f122	Ich denke im allgemeinen sehr logisch	1 2 3 4 5	
f123	Meine Bewegungen sind schwingend und fließend	1 2 3 4 5	
f124	Ich beachte stets jede Kleinigkeit	1 2 3 4 5	
f125	Mein Wissen über die Natur u. das organische Leben ist umfassend und fundiert.	1 2 3 4 5	
f126	Ich verfüge über fundiertes und umfassendes wissenschaftliche Wissen.	1 2 3 4 5	
f127	Ich verfüge über fundierte Erfahrungen in Repräsentation, Gesellschaft und Öffentlichkeitsarbeit usw.	1 2 3 4 5	
f128	Ich habe umfassende und fundierte Kenntnisse auf religiösem Gebiete.	1 2 3 4 5	
f129	Ich besitze fundiertes und umfassendes literarisches Wissen.	1 2 3 4 5	
f130	Ich habe langjährige und fundierte Erfahrungen in und mit Partnerschaften.	1 2 3 4 5	
f131	Ich verfüge über umfassende Führungserfahrungen.	1 2 3 4 5	
f132	Ich habe fundierte Erfahrungen in der Betreuung von und Hilfe für Menschen.	1 2 3 4 5	
f133	Ich verfüge über fundiertes und gründliches musikalisches Wissen.	1 2 3 4 5	
f134	Ich habe fundierte und umfassende Organisationserfahrungen.	1 2 3 4 5	
f135	Ich habe fundierte Kenntnisse von modernen u. zukünftigen Entwicklungen.	1 2 3 4 5	
f136	Ich verfüge über fundiertes Wissen von Überlieferungen und Traditionen.	1 2 3 4 5	

Auch hier erfolgt die Auswertung über DAEb am Bildschirm. Sicher, eine solche Informationsquelle ist nicht objektiv. Jeder Kandidat wird seine Antworten „tönen", evtl. wie er sich die Wünsche der Firma vorstellt, aber die Antworten werden doch im allgemeinen nahe bei der Wirklichkeit liegen, so daß eine erste Orientierung, ein erster Vergleich mit den elementaren Anforderungen möglich wird. Wie das aussieht, werden wir später an einem Beispiel sehen. Dazu werden dann die ermittelten Anforderungswerte in die SOLL-Spalten der Vergleichsübersicht in DAEb eingetragen.

Eignungswerte und ihre Bedeutung

Aus der Vergleichsübersicht erhalten wir 4 Eignungswerte, einen für die Begabungen bzw. Grundfähigkeiten, einen für +System, einen für +iSystem und einen Gesamtwert. Jeder dieser Werte gibt an, zu wieviel Prozent eine Übereinstimmung zwischen den entsprechenden Anforderungen und den Werten der Verhaltensperson besteht. Nicht erfaßt werden auf diese Weise physische, äußere und fachliche Faktoren und Übereinstimmungen. Sie müssen wie immer getrennt ermittelt werden, was in den meisten Unternehmen sowieso schon lange geschieht. Was die Prozentsätze aussagen, ergibt sich aus dem Zusatz zum Verhaltenskurzbefund (DVbk), nicht dagegen die Bedeutung der einzelnen Vergleichsgruppen. Der Übereinstimmungsgrad für die Begabungen gibt an, inwieweit die vorhandenen Vorstellungs-, Denk-, psychophysischen und Willensbegabungen den Anforderungen entsprechen, ob sie nicht zu gering und auch nicht zu gut sind, denn beides führt auf die Dauer zu Schwierigkeiten. Die +System-Übereinstimmung gibt uns Aufschluß darüber, inwieweit Anforderungen und Verhaltenspersonwerte hinsichtlich der angemessenen Elemente in Neigungen und Arbeitsstil übereinstimmen. Geringere Prozentsätze weisen auch hier daraufhin, daß die Personwerte über bzw. unter den Anforderungswerten liegen, so daß auf längere Sicht mit Unzufriedenheitswirkungen bzw. Versagen zu rechnen ist. Während die + Systemwerte für den richtigen Arbeitsstil- und -einsatz entscheidend sind, deuten geringe +iSystemwerte daraufhin, daß die Anpassung an Stil und Gepflogenheiten im Arbeitsfeld von dort üblichen Formen abweichen, so daß mit Konflikten mit dem Umfeld zu rechnen ist, die zu Minderungen der Effektivität - vor allem in der Zusammenarbeit - führen können.

Der Gesamteignungsbefund ist dann ein Mittelwert, allerdings ein geometrischer, denn wenn einer der Teilwerte gegen Null geht, geht auch die Gesamteignung gegen Null. Und während fehlendes fachliches Rüstzeug bei genügend Begabung ergänzt werden kann, kann man Begabungen im arbeitsfähigen Alter kaum noch entwickeln, besteht auch wenig Aussicht, die Arbeitsverhaltensperson eines Menschen umzumodeln, es sei denn durch grundlegende Veränderungen der Umgebung und Arbeitswelt. Gerade deshalb ist es so wichtig, daß die Arbeitsverhaltensperson zu den Anforderungen paßt.

Nun sollte man nicht nur die ausgeworfenen Eignungsprozentsätze betrachten, sondern auch die Spalte D^2 der Vergleichsübersicht, die die Abweichungsquadrate zwischen Soll- und Ist-Werten anzeigt, denn sind diese Werte sehr hoch, so muß man an der betreffenden Stelle mit Komplikationen rechnen, die man evtl. mildern kann, wenn man entsprechende Änderungen in den Anforderungswerten herbeiführt. Dazu muß man dann in der Auswertungstabelle der Anforderungen in der Spalte Y das fragliche Element heraussuchen, die zugehörigen Fragennummern feststellen und sich dann das DBBk vornehmen. Hier betrachtet man die zu den Nummern gehörenden Merkmale und stellt sich die Frage, ob und wie man die Merkmale so verändern kann, daß entsprechend höhere oder niedrigere Werte im SOLL entstehen. Ich weiß, das ist ein mühseliges Geschäft, das u.U. aus gesamtorganisatorischen Gründen nicht verwirklicht werden kann, aber vielleicht sollte man es bei dem einen oder anderen Bewerber doch versuchen.

Grundsätzlich muß man sich aber darüber klar sein, daß man verschiedene Eignungswerte, wie Begabungen, Erfahrungen, Fertigkeiten, usw. nie addieren und arithmetisch mitteln darf, sondern nur geometrisch mitteln kann. Es geht uns bei ihnen wie mit Meter und Kilogramm, die man nicht addieren, wohl aber multiplizieren kann, wobei man als neue Dimension mkg erhält.

Wenn man nun die Vorausleseauswertung für alle Bewerber vorgenommen hat, empfiehlt es sich, eine Tabelle nach folgendem Muster zu erstellen:

Name	Begabung%	+System%	+iSystem%	gesamt %	Bemerkungen

Sie kann man dann nach den verschiedensten Kriterien sortieren und dann die am geeignetsten erscheinenden Bewerber für die engere Auswahl zu einer Vorstellung einladen. Und damit beginnt der dritte Abschnitt der Personalauswahl.

Vorstellung und Hauptauslese

Organisation

Das Vorstellungsgespräch ist durchaus kein gemütlicher Plausch zwischen dem Bewerber und seinem zukünftigen Vorgesetzten. Es ist vielmehr eine Art Examen, allerdings ein Examen, bei dem den Prüfern die Hauptarbeit zufällt. Sie müssen nämlich in der Kürze der Zeit nicht nur ermitteln, was der Bewerber fachlich kann, sondern auch, wie seine Arbeitsverhaltensperson aussieht und wie er sich an das Unternehmen und seine Welt anpassen wird. Und sobald es sich um höher qualifizierte Bewerber handelt, die oft von weither kommen, muß man auch noch prüfen, wie sich sein Umfeld (Freundin, Familie usw.) an die Umstellung anpassen wird[4]. Und das alles kann der Vorgesetzte alleine sicher nicht, wenn er dann auch letztlich entscheiden muß, mit welchem der geeigneten Bewerber er zusammenarbeiten will.

Das alles macht eine systematische Organisation solcher Vorstellungsgespräche nötig. Dazu gehört zunächst einmal die personelle Besetzung. Zu ihr gehört selbstverständlich der Vorgesetzte und soweit dieser die fachliche Qualifikation des Bewerbers nicht beurteilen kann, ein geeigneter Fachmann. Für die Koordination der Analyse der Arbeitsverhaltensperson und die arbeitsrechtlichen Aspekte wird ein Personalfachmann erforderlich. Sinnvoll ist als weiterer Teilnehmer bei gehobenen Positionen ein übergeordneter Vorgesetzter. Schließlich gehört ein Mitglied des Betriebsrats in die Vorstellungskommission, denn der Betriebsrat muß der Einstellung später zustimmen, also sollte er auch unmittelbar an der Auswahl beteiligt sein, damit er die Problematik der Personalauswahl grundsätzlich erkennen lernt und im

[4] das macht oft ein zusätzliches Gespräch zusammen mit dem Umfeld nötig.

Einzelfalle auch weiß, worüber er entscheidet. Der vielfältigen Besetzung entsprechend ergeben sich naturgemäß manchmal etwas schwierige Abstimmungsprobleme auf der Terminseite, zumal man bedenken muß, daß auch die Bewerber ihre Termine haben. Im übrigen heißt dieses nicht, daß der Bewerber die ganze Zeit mit dem ganzen Gremium konfrontiert werden muß.

Zur Vorbereitung des Gesprächs müssen sich alle Mitglieder des Gremiums mit den vorliegenden Bewerbungsunterlagen der zu ladenden Bewerber beschäftigen (nicht damit gemeint sind die Ergebnisse der Vorauslese, die in Händen des Personalfachmanns bleiben) und für jeden Bewerber eine Liste erstellen, welche zusätzlichen Auskünfte er noch liefern muß. Die Zusammenfassung dieser Listen je Bewerber zu einer Art Tagesordnung, die den Gremienmitgliedern zugestellt wird, erfolgt dann im Sekretariat.

Der Bewerber wird dann von dem zuständigen Personalfachmann oder auch durch den zukünftigen Vorgesetzten empfangen und nach Absprache im Gremium weitergeführt. Dabei erhalten alle Gremienmitglieder eine Verhaltensinterview-Checkliste (DCk):

Interviewkurzanalyse (DCk 1.0.)

Anweisung: Die folgenden Sachverhalte treffen auf den Probanden wie folgt zu:

1- nein, nicht, minimal, eher im Gegenteil,
2 - wenig, kaum, selten
3 - zeitweise, manchmal, mittel, (weiß nicht),
4 - häufig, markant, deutlich
5 - besonders ausgeprägt, sehr stark, immer, überaus,

Kennzeichnen Sie den zutreffenden Wert, indem Sie die entsprechende Ziffer in Spalte A durchstreichen (/) oder bei Bearbeitung am Computer den Wert in Spalte I eintragen. Zwischenwerte (1,5; 2,5; 3,5; 4,5) sind erlaubt.

Name:

Nr.	A	Item	I
101	1 2 3 4 5	Es sind vielerlei Erfahrungen und Kenntnisse aus dem täglichen Leben und vom Alltagsgeschehen vorhanden.	
102	1 2 3 4 5	Es sind vielerlei Kenntnisse philosophischer Art und von vielen Schriften und philosophischen Autoren und auch von der Bedeutung der von ihnen benutzten Wörter und Begriffe vorhanden	

103	1 2 3 4 5	Es sind breite und vielerlei Einzelkenntnisse von der Gesellschaft, von den Vorgängen in Staat und Gemeinde und den dort geltenden Vorschriften vorhanden	
104	1 2 3 4 5	Eine Vielzahl weltanschaulicher Inhalte, d.h. moralischer, sittlicher, aber auch religiöser Vorstellungen ebenso wie politischer Ansichten ist vorhanden	
105	1 2 3 4 5	Vielerlei historische (geschichtlichen) Einzelkenntnisse liegen vor, die wesentlichen Ereignisse der Weltgeschichte und ihre zeitliche Fixierung sind bekannt	
106	1 2 3 4 5	Vielerlei Einzelkenntnisse von menschlicher Bildung und Entwicklung, von der Reifung und dem Erwachsenenwerden sowohl in heutiger als auch in früherer Zeit liegen vor	
107	1 2 3 4 5	Vielerlei Führungs- und Leitungskenntnisse, Wissen und Erfahrungen, wie man im Einzelfalle führen und lenken muß, wozu und mit welchen Mitteln zu arbeiten ist, sind vorhanden	
108	1 2 3 4 5	Vielerlei Erfahrungen in der Pflege und Erhaltung von Dingen und in der Wartung und Wiederherstellung ihrer Form und Funktion sind verfügbar.	
109	1 2 3 4 5	einiges Kunstverständnis, Kenntnisse in der Malerei, Architektur, Bildnerei und Musik aufgrund von Einzeldaten sind vorhanden	
110	1 2 3 4 5	Vielerlei Einzelerfahrungen in Verwaltungsfragen vom Erstellen von Schriftstücken über deren Abfertigung bis zur Ablage sind verfügbar	
111	1 2 3 4 5	Vielerlei Einzelkenntnisse in neuzeitlicher Technik, insbesondere auch in Haus- und Haushaltstechnik stehen zur Verfügung	
112	1 2 3 4 5	Vielerlei ökonomische und wirtschaftliche Einzelkenntnisse sind vorhanden, der Proband weiß vielerlei von den Vorkommnissen in der Wirtschaft, von Buchhaltung, Geld und Finanzen	
113	1 2 3 4 5	Eine Strecke ohne Hilfsmittel in 3 gleiche Teile zu teilen, gelingt haargenau.	
114	1 2 3 4 5	Bei geistigen Aufgaben wird schnell das Wesentliche, der Kern des jeweiligen Problems erfaßt und erkannt.	
115	1 2 3 4 5	hat sehr geschickte und bewegliche Finger.	
116	1 2 3 4 5	Im Beruf wie im Privatleben wird sehr energisch und bestimmt entschieden.	
117	1 2 3 4 5	Puzzles werden schnell und sicher gelöst.	
118	1 2 3 4 5	Jeden Tag wird Neues hinzugelernt.	
119	1 2 3 4 5	In der Arbeit mit den Händen ist man geschickt.	
120	1 2 3 4 5	Auf Anregungen von außen spricht man schnell und voll an.	
121	1 2 3 4 5	Es besteht ausgeprägtes Können in Raumlehre (Stereometrie).	
122	1 2 3 4 5	Geistig – gedanklich – wird geschickt kombiniert und unterschiedliche Inhalte miteinander verbunden, um damit zur Aufgabenlösung zu finden.	
123	1 2 3 4 5	Ist mit beiden Händen zugleich geschickt.	
124	1 2 3 4 5	Bei der Arbeit kann man sich gut konzentrieren	
125	1 2 3 4 5	Vertiefte und fundierte Erfahrungen zum täglichen Leben und den wirkenden Zusammenhängen liegen vor.	

126	1 2 3 4 5	Fundierte und umfassende theoretische Kenntnisse sind vorhanden und dadurch besteht viel Verständnis für die bestehenden Zusammenhänge in der Welt.	
127	1 2 3 4 5	Verfügt über fundiertes und umfassendes Wissen von der Gesellschaft, ihren Wirkungsmechanismen und den herrschenden Zusammenhängen	
128	1 2 3 4 5	Verfügt über umfassende und fundierte Kenntnisse weltanschaulicher Inhalte, ihrer Hintergründe und Auswirkungen auf das Leben der Menschen	
129	1 2 3 4 5	Verfügt über fundiertes historisches (geschichtliches) Wissen, kennt die Hintergründe der Ereignisse und ihre Zusammenhänge	
130	1 2 3 4 5	Verfügt über umfassendes Wissen von menschlichen Bildungsvorgängen und Reifungsprozessen und ihren Hintergründen.	
131	1 2 3 4 5	Verfügt über umfassende Führungs- und Leitungskenntnisse für jede Situation und die jeweiligen Zusammenhänge.	
132	1 2 3 4 5	Verfügt über fundierte Erfahrungen und Kenntnisse in der Pflege und Erhaltung von Dingen	
133	1 2 3 4 5	Besitzt umfassendes und fundiertes Kunstverständnis.	
134	1 2 3 4 5	Verfügt über umfassende Erfahrungen in Verwaltungsfragen und die herrschenden Zusammenhänge der Büroorganisation	
135	1 2 3 4 5	Verfügt über fundiertes und gründliches Wissen in neuzeitlicher Technik.	
136	1 2 3 4 5	Besitzt gründliches ökonomisches und wirtschaftliches Wissen, kennt die Zusammenhänge und Hintergründe	
137	1 2 3 4 5	Ab und zu verliert sie (er) die Geduld und wird wütend	
138	1 2 3 4 5	Erzürnt sich häufiger	
139	1 2 3 4 5	Gibt hin und wieder ein bißchen und mehr an	
140	1 2 3 4 5	Kommt manchmal zu spät zu einer Verabredung oder zur Arbeit	
201	1 2 3 4 5	Reaktionen im Leben erfolgen unmittelbar, ohne lange zu überlegen und viel nachdenken zu müssen, so wie es im Augenblick gerade richtig ist oder erscheint, es folgt ein ursprüngliches, unmittelbares, natürliches und ungekünsteltes Verhalten, emotionale gefühlshafte und affektive Äußerungsweise	
202	1 2 3 4 5	Auch im Alltag wird stets sorgfältig im voraus geplant und jeder Schritt und jede Handlung überlegt, ehe die Ausführung erfolgt. Das führt zu einem rationalen Verhalten, bei dem sorgfältig zwischen Situationen abgewogen wird; überlegte, vernünftige, kritische Äußerungsweise	
203	1 2 3 4 5	Versucht, überall im Alltag, auf der Straße und im Beruf immer wieder mit vielen anderen Menschen in Kontakt und ins Gespräch zu kommen, wendet sich folglich seiner Umwelt, den Menschen und Dingen zu; kraftvolle, kräftige, herausragende Stimme	
204	1 2 3 4 5	Im Umgang mit anderen Menschen - vor allem weniger bekannten – bemüht man sich um Zurückhaltung und Abstand, versucht, nicht aufzufallen und nicht zudringlich zu werden. Es folgt eine reservierte Haltung, distanzierte, reservierte, gebremste Äußerungsweise	

205	1 2 3 4 5	Läßt sich schnell für Neues begeistern, und ist immer sehr interessiert an allem und äußert sich auch schnell und sicher dazu; sprühende, lebhafte und spritzige Äußerungsweise	
206	1 2 3 4 5	Hat unauflösliche feste und langjährige Freundschaften, die gepflegt, auf großer Wert gelegt wird, auf die es dem Probanden ankommt; melodische, schwingende Sprechweise	
207	1 2 3 4 5	Kann sich und die eigene Meinung gegenüber anderen Menschen durchsetzen, kann es nicht nur, will und tut es auch; akzentuierte Sprechweise, deutliche Betonungsakzente	
208	1 2 3 4 5	Paßt sich den jeweiligen Umständen an und stelle sich innerlich auf sie ein, ohne ihnen jedoch blindlings zu folgen oder sich von ihnen bestimmen zu lassen. Es folgen Aufgeschlossenheit und Sensibilität; fließende und gelöste Sprechweise	
209	1 2 3 4 5	Traut sich selbst allgemein im Leben und auch im Beruf viel zu, ist der Meinung, daß man selbst viel bewirken und erreichen kann. Es folgt eine positive lebensbejahende Haltung; sichere, frische Äußerungsweise	
210	1 2 3 4 5	Nimmt Ereignisse, Dinge und Vorgänge im Leben sehr ernst und auch schwer, oberflächliche und flüchtige Reaktionen werden abgelehnt; scharfe und präzise Artikulation, jedes Wort und jede Silbe ist verständlich, nichts wird verschluckt	
211	1 2 3 4 5	Ist ein schwungvoller Mensch mit Unternehmungsgeist und Dynamik, verfügt über Elan und Pep; dynamische Sprechweise, schwungvolle, aktive Darstellungsweise	
212	1 2 3 4 5	Der eigene Standpunkt wird auch gegenüber anderen - selbst höher gestellten – Menschen behauptet und verteidigt; bestimmte und eindeutige Meinungsäußerung	
213	1 2 3 4 5	Kann Entfernungen exakt schätzen.	
214	1 2 3 4 5	Hochgeistigen und komplizierten Gedankengängen kann man leicht folgen.	
215	1 2 3 4 5	Kann geschickt mit Nadel und Faden umgehen.	
216	1 2 3 4 5	Lebt sehr bewußt und erkennt deutlich die eigenen Motive und Beweggründe.	
217	1 2 3 4 5	Einmal gesehene Formen - auch Gesichter – werden nicht vergessen.	
218	1 2 3 4 5	Neue Informationen und Eindrücke werden umgehend verwertet	
219	1 2 3 4 5	Verfügt über viel Geschick im Basteln .	
220	1 2 3 4 5	Reagiert flexibel, wenn sich die Umstände ändern.	
221	1 2 3 4 5	Flächenhafte Bilder (Fotos usw.) werden plastisch und räumlich gesehen und erlebt.	
222	1 2 3 4 5	Geistig vielseitig und denkgewandt, kann sich im Denken schnell umstellen.	
223	1 2 3 4 5	Hat ein ausgeprägtes Balancegefühl und stabile Gleichgewichtslage.	
224	1 2 3 4 5	Auch wenn andere reden, kann man dabei geistig arbeiten.	
225	1 2 3 4 5	Handelt immer wieder unüberlegt und unkritisch aus dem Augenblick heraus, reagiert impulsiv; impulsive, überschwengliche Äußerungsweise	
226	1 2 3 4 5	Lebt und arbeitet mit Vorliebe nach einem festen Schema bzw. nach klaren Vorschriften; schematisch-eingeengte Äußerungsweise	

227	1 2 3 4 5	Legt großen Wert auf Äußerlichkeiten und äußere Erscheinung (Kleidung, Auftreten usw.); schrille, schreiende und aufdringliche Stimmführung	
228	1 2 3 4 5	Meidet den Kontakt mit anderen Menschen und dem Geschehen in der Welt, wo es möglich ist; äußerungsunwillig, schweigend und schweigsam.	
229	1 2 3 4 5	Beziehungen zu anderen bleiben eher oberflächlich, berühren das eigene Gefühlsleben kaum; unstete, erregte und wechselhafte Sprechweise.	
230	1 2 3 4 5	Die Einstellung gegenüber anderen ist subjektiv gefärbt und von persönlichen Wünschen mitbestimmt; sentimentale sprachliche Darstellungsweise.	
231	1 2 3 4 5	Setzt sich im Leben hart und gewaltsam durch und gebraucht ständig die Ellenbogen; aggressive, spitze und verletzende Äußerungsweise.	
232	1 2 3 4 5	Der Meinung anderer Menschen schließt man sich meistens an; nachgiebige, beeinflußbare und schlaffe Äußerungsweise.	
233	1 2 3 4 5	Reagiert leicht überheblich und selbstgefällig, ist sehr stolz auf sich und seine Erfolge; hektische, überstürzte Sprechweise	
234	1 2 3 4 5	Ist oft mißmutig und mißgelaunt, wirkt oftmals verdrossen und niedergeschlagen; mißmutige, verdrießliche, wenig offene und freie Äußerungsweise	
235	1 2 3 4 5	Ist innerlich voller Unruhe und Unrast und kommt nicht zu mir zur Ruhe; heftige, hitzige und überstürzende Sprechweise	
236	1 2 3 4 5	Hat feste Grundsätze und bleibt ihnen treu.., auch wenn damit andere verletzt werden und man sich selbst Schwierigkeiten einhandelt; monotone, träge und schwerfällige Sprechweise	
237	1 2 3 4 5	Ab und zu lacht sie (er) über einen unanständigen Witz	
238	1 2 3 4 5	Gewinnt viel lieber im Spiel als daß sie (er) verliert	
239	1 2 3 4 5	Unter den Leuten, die sie (er) kennt, sind einige, die sie (er) nicht ausstehen kann	
240	1 2 3 4 5	Lernt gerne bedeutende Menschen kennen, weil sie (er) sich dann auch wichtiger vorkommt	
301	1 2 3 4 5	Praktisches und praktisches Handeln werden bevorzugt, man ist froh, wenn man praktisch Aufgaben lösen kann, anschauliche und alltägliche Darstellungsweise	
302	1 2 3 4 5	Theoretisch und wissenschaftlich ist man außerordentlich interessiert- vor allem auch geisteswissenschaftlich -; begrifflich bestimmte und eher abstrakte Darstellungsweise	
303	1 2 3 4 5	Es besteht ein ausgeprägtes Interesse am Geschehen in der Gemeinde und Nachbarschaft; aktive Gesprächsteilnahme	
304	1 2 3 4 5	Feste und eindeutige Moral- und Wertvorstellungen sind vorhanden und werden in die Praxis umzusetzen versucht; korrekte, eindeutige und klare Äußerungsweise	
305	1 2 3 4 5	Interesse für Literatur, Romane, aber auch Gedichte, Theater und Ähnliches; feinsinnige, einfühlsame Ausdrucksweise	
306	1 2 3 4 5	Die eigene Familie bzw. der Partner (Partnerschaft) steht im Mittelpunkt des Interesses und des Handelns;	

307	1 2 3 4 5	Interesse vor allem an technischen Einrichtungen und Vorgängen; angreifende Darstellungsweise, bestimmte Äußerungsweise	
308	1 2 3 4 5	Freude, andere zu pflegen, zu hegen, zu schützen und zu umsorgen, zuhörende und aufnehmende Gesprächshaltung	
309	1 2 3 4 5	Großes Interesse für die Kunst, künstlerisches Tun und Schaffen, globale Darstellungsweise, Darstellung in Umrissen und Grundzügen.	
310	1 2 3 4 5	Arbeit mit Zahlen wird bevorzugt, Erfolgserlebnisse, wenn etwas in Zahlen auszudrücken ist; besonnene, abwägende und ordnende Ausdrucksweise	
311	1 2 3 4 5	Am Zukünftigen, an dem, was die Zukunft bringt und bringen könnte, besonders interessiert; .	
312	1 2 3 4 5	Geld und materieller Besitz sind wichtig und interessant; eindeutige und beharrende Ausdrucksweise.	
313	1 2 3 4 5	Hat ein gutes Augenmaß, um Längen und Abstände richtig einzuschätzen.	
314	1 2 3 4 5	Kann bei geistigen Aufgaben immer schnell Wesentliches von Unwesentlichem unterscheiden.	
315	1 2 3 4 5	Ist bei feinen Handarbeiten geschickt.	
316	1 2 3 4 5	Schließt im Leben und im Beruf keinerlei Kompromisse.	
317	1 2 3 4 5	Kann zerrissene Papierblätter leicht richtig zusammenfügen.	
318	1 2 3 4 5	Fallen bei geistigen Aufgaben stets weit vom Thema liegende Inhalte ein, die oft zur Lösung beitragen	
319	1 2 3 4 5	Verfügt über Handgeschick.	
320	1 2 3 4 5	Erfaßt auch Rand- und Nebeneindrücke vollständig.	
321	1 2 3 4 5	Kann sich auch nur einmal gesehene Räume später gut vorstellen.	
322	1 2 3 4 5	Löst geistige Aufgaben oft in unüblicher Weise erfolgreich, insbesondere bei praktischen Aufgaben kommt ihr (ihm) das zugute	
323	1 2 3 4 5	Die Körperbewegungen sind geschmeidig.	
324	1 2 3 4 5	Kann sich stunden- oder gar tagelang mit einer Sache beschäftigen.	
325	1 2 3 4 5	Man ist ein ausgesprochener Genußmensch; primitive, undifferenzierte und unkritische Äußerungs- und Ausdrucksweise.	
326	1 2 3 4 5	Praktische und alltägliche Arbeiten, z.B. Renovierungen wie Streichen, Tapezieren usw., werden strikt abgelehnt; esoterisch-irreale, welt- und praxisferne Darstellungsweise	
327	1 2 3 4 5	Möchte gern öffentlich geehrt, belobigt und ausgezeichnet werden, affektierte, gespreizte Äußerungsweise.	
328	1 2 3 4 5	„Andersgläubigen" (Religion, Weltanschauung, Partei, usw.) wird mit Mißtrauen und besonderer Vorsicht begegnet; ichbezogene, egozentrische und prinzipienhafte Darstellungsweise	
329	1 2 3 4 5	Liebesromane und „leichte" Literatur werden bevorzugt und verschlungen; schwärmerisches, „luftiges" Gerede	

330	1 2 3 4 5	Liebt nur sich selbst und interessiert sich in erster Linie für sich selbst, seine Wünsche und Vorstellungen; subjektive Äußerungsweise und unkritische Gefühlsurteile.	
331	1 2 3 4 5	Waffen und Waffentechnik, Kriege und Schlachten stehen im Mittelpunkt des eigenen Interesses; spitze, ironische bis sarkastische Äußerungs- und Darstellungsweise.	
332	1 2 3 4 5	Technischen Aufgaben und Fragen wird aus dem Wege gegangen; unbestimmte, verwaschene und unscharfe Darstellungs- und Sprechweise.	
333	1 2 3 4 5	Nüchterne und sachliche Möbel im Bürostil werden grundsätzlich abgelehnt; flüchtige, oberflächliche und effekthascherische Darstellungsweise.	
334	1 2 3 4 5	Es muß sich alles berechnen oder doch in Zahlen ausdrücken lassen, damit man sich wohl fühlen kann und zufrieden ist; übervorsichtige, pedantische und in Kleinigkeiten mündende Darstellungsweise.	
335	1 2 3 4 5	Meidet alles Gewohnte und Übliche, alles, was **man** tut; unruhige, sprunghafte Äußerungs- und Darstellungsweise .	
336	1 2 3 4 5	Fremdes und Neuartiges stören die eigenen Kreise und das eigene Wohlbefinden; sture Meinungsbehauptung auf der Basis des Gewohnten und Überlieferten.	
337	1 2 3 4 5	Ab und zu fallen ihr (ihm) Gedanken ein, die andere Leute nicht wissen dürfen	
338	1 2 3 4 5	Spricht manchmal über Dinge, von denen sie (er) nichts versteht	
339	1 2 3 4 5	Schiebt manchmal etwas auf, was sofort getan werden sollte	
340	1 2 3 4 5	Nimmt es mit der Wahrheit nicht immer ganz genau	
401	1 2 3 4 5	An Sex und sexueller Betätigung besteht großes Interesse	
402	1 2 3 4 5	Möchte möglichst alle neuen wissenschaftlichen Erkenntnisse erfahren.	
403	1 2 3 4 5	Braucht Feste und Feierlichkeiten, um sich wohlzufühlen.	
404	1 2 3 4 5	Weltanschauung, Glaube und Wertvorstellungen sind klar und eindeutig, aber keineswegs fundamentalistisch und intolerant.	
405	1 2 3 4 5	Für pädagogische (Erziehungs-) Fragen und Probleme besteht besonderes Interesse	
406	1 2 3 4 5	Sucht im Leben eine dauerhafte, gleichberechtigte menschliche Partnerschaft.	
407	1 2 3 4 5	Trachtet im Leben und im Beruf danach, an die Spitze zu gelangen – auch fachlich -, möchte Führungsaufgaben übernehmen und die Vorgänge lenken	
408	1 2 3 4 5	Interessiert sich besonders für soziale Fragen und Probleme.	
409	1 2 3 4 5	Hat großes Interesse an Musik.	
410	1 2 3 4 5	Arbeitet gern in der Verwaltung und im Büro.	
411	1 2 3 4 5	Interessiert sich für fremde Länder und Völker und geht aktiv auf Fremde zu.	
412	1 2 3 4 5	Hält sich vielfach an die Tradition, an das, was **m a n** in ihren (seinen) Kreisen tut, ohne sich sklavisch daran zu klammern	
413	1 2 3 4 5	Fertigt auch ohne genauen Plan Handarbeiten sicher an.	
414	1 2 3 4 5	Versteht schwierige und komplizierte Aufgabenstellungen stets sofort.	

415	1 2 3 4 5	Kann feinmechanische Arbeiten sicher erledigen.	
416	1 2 3 4 5	Setzt sich gegenüber anderen energisch durch.	
417	1 2 3 4 5	Kann Formenunterschiede exakt unterscheiden.	
418	1 2 3 4 5	Kann Neues leicht und schnell erlernen.	
419	1 2 3 4 5	Ist handwerklich begabt.	
420	1 2 3 4 5	Kann mehrere zugleich stattfindende Vorgänge vollständig verfolgen.	
421	1 2 3 4 5	Kann technische Zeichnungen gut lesen und sich die dargestellten Geräte vorstellen.	
422	1 2 3 4 5	Betrachtet anfallende Denkaufgaben von verschiedenen Seiten zugleich, so daß sie (er) sich selten verrennt.	
423	1 2 3 4 5	Reißt nie mit einer Hand wieder ein, was sie (er) mit der anderen aufgebaut hat	
424	1 2 3 4 5	Läßt sich bei der Arbeit nicht ablenken.	
425	1 2 3 4 5	Eingriffe in die Natur durch den Menschen werden strikt abgelehnt.	
426	1 2 3 4 5	Mag Haus- und Gartenarbeit nicht und versucht, sie stets zu vermeiden und zu umgehen.	
427	1 2 3 4 5	Würde gerne im Fernsehen auftreten oder auf der Bühne stehen.	
428	1 2 3 4 5	Unterscheidet zwischen "Gut und Böse" auch in Kleinigkeiten genauestens.	
429	1 2 3 4 5	Versucht, im Leben, alles historisch (geschichtlich) zu sehen und zu deuten.	
430	1 2 3 4 5	Nur die eigenen persönlichen Gefühle sind wichtig.	
431	1 2 3 4 5	Zerstört gerne, was andere aufgebaut haben, interessiert sich für Mittel und Werkzeuge zur Zerstörung und zum Abriß des Bestehenden	
432	1 2 3 4 5	Verwöhnt andere Menschen gern und wo es nur möglich ist, und das auch gegen ihren Willen.	
433	1 2 3 4 5	Nützlichkeitsdenken wird strikt abgelehnt.	
434	1 2 3 4 5	Liebt Formulare und strenge Ordnungen bis ins Kleinste.	
435	1 2 3 4 5	Muß jede Neuheit haben, die auf den Markt kommt.	
436	1 2 3 4 5	Richtet den eigenen Lebensstil an dem der Eltern aus, versucht, so wie sie zu leben.	
437	1 2 3 4 5	Hat mitunter Geldsorgen	
438	1 2 3 4 5	Erzählt ab und zu gern eine kleine Lüge	
439	1 2 3 4 5	klatscht bzw. tratscht manchmal über andere	
440	1 2 3 4 5	Die Tischmanieren sind zu Hause weniger gepflegt als in Gesellschaft	

Ihre Aufgabe besteht darin, nicht nur die Punkte der Tagesordnung mit dem Bewerber abzuarbeiten und seine Fragen festzuhalten - nebst der gegebenen Antworten -, sondern auch diese Checkliste möglichst vollständig auszufüllen. Dem Personalfachmann obliegt es, die Checkliste nicht nur möglichst, sondern tatsächlich vollständig auszufüllen.

Durchführung

Die Checklistnergebnisse aller Gremiumsmitglieder werden im Personalwesen in das Auswertungsprogramm DAEb übertragen, das sie gemeinsam auswertet. In die vorbereiteten DAEb's sind schon die Soll-Werte eingesetzt worden. So gewinnt man dann schnell einen Überblick über die Eignung der Arbeitsverhaltensperson der Bewerber für die vorgesehene Stelle. Mit Hilfe einer ähnlichen Liste wie in der Vorauslese gewinnt man schnell einen Überblick (VA= Vorauslese, HA= Hauptauslese):

Bewerber	VA Beg	HA Beg	VA+	HA+	VA+i	HA+i	VA ges	HA ges	Bemerkungen

Zugleich gewinnt man Hinweise darauf, wie verläßlich die Vorausleseergebnisse im Vergleich zu den Hauptauslesewerten sind. Mit Hilfe der Korrelationsrechnung kann man die Übereinstimmungswahrscheinlichkeiten weiter analysieren, wobei man allerdings nicht nur die Gleichsinnigkeitskorrelation, sondern auch noch die Gleichwertigkeitskorrelation errechnen sollte[5]. Zu dieser Liste liefert das Personalwesen dann eine Empfehlungsrangfolge.

Zur Entscheidungsbildung empfiehlt sich, für jeden Bewerber einen Verhaltenspersonkurzbefund (DVbk) zu erstellen, an dessen Ende die fachlichen Ergebnisse aufgrund der Unterlagen und des Vorstellungsgespräches sowie die sonstigen Erkenntnisse aus dem Vorstellungsgespräch zusammengefaßt werden. Auch das läßt sich betrieblicherseits in standardisierter Form gestalten. Wer dann über die endgültige Wahl entscheidet, hängt von den unternehmensspezifischen Regelungen ab. Zweckmäßig erscheint mir, wenn der direkte Vorgesetzte, evtl. zusammen mit seinem Vorgesetzten entscheidet, wobei er allerdings nur zwischen geeigneten Bewerbern wählen kann.

[5] vgl. B. Waszkewitz: Psychologie der Persönlichkeit, S.321f, Stuttgart 2003

Ergebniskontrolle

Eignungskontrolle

Auch noch so differenzierte Methoden der Personalauswahl bringen nicht mehr als eine Prognose, eine Vorhersage. Und eine solche muß ständig überprüft werden, ob sie auch eingetreten ist. Zu diesem Zweck bedarf es einer Bewährungskontrolle, die sich direkt auf die Prognosewerte konzentrieren muß. Mit ihrer Hilfe ist festzustellen, ob und inwieweit die einzelnen Prognosewerte sich nach der Einarbeitungszeit bestätigt haben. Das erfolgt am einfachsten mit Hilfe einer Leistungsverhaltensbeurteilung, die im allgemeinen der direkte Vorgesetzte in regelmäßigen Abständen erstellt[6]. Wie dort dargelegt, muß eine solche Leistungsverhaltensbeurteilung auf die Eignungsbefunde abgestellt sein, etwa wie folgt für das hier verwendete System:

Bewährungs-Kontroll-Beurteilung (DCBk)

Anweisung: Bewerten Sie nach folgender Skala, wie die Ergebnisse des Mitarbeiters oder Teilnehmers im angegebenen Zeitraum bezüglich der einzelnen Punkte sind. Tragen Sie die Werte nach folgender Skala in die Spalte A ein, indem Sie die zutreffende Ziffer durchstreichen (/)oder bei Bearbeitung am Computer den zutreffenden Wert in Spalte I eintragen. Zwischenwerte (1,5; 2,5; usw.) sind erlaubt

1= trifft nicht zu, eher das Gegenteil ist der Fall;

2= trifft wenig zu, selten, recht mäßig

3= mittel, durchschnittlich, zeitweise, normal;

4= ausgeprägt, häufig, meistens, deutlich

5= trifft immer zu, überragend, unbedingt zu bejahen, stets

Situation (Aufgabe):

Zeitraum: von: bis:

Name **Pers.Nr.**

A	Nr.	für Zeitraum:	I

[6]vgl. B. Waszkewitz: UP TO DATE 2002, Datei Personalmanagement, S. 247ff, Stuttgart 2002

1 2 3 4 5	B01	Er war stets anwesend	
1 2 3 4 5	B02	Er brauchte fachlich niemals Rat von anderen	
1 2 3 4 5	B03	Er konnte sich stets voll konzentrieren	
1 2 3 4 5	B04	Er zeigte großes Interesse an Fortbildung und Fortbildungsmaßnahmen	
1 2 3 4 5	B05	Er hatte keine Konflikte mit anderen im Betrieb	
1 2 3 4 5	B06	Er war bei allen im Hause beliebt	
1 2 3 4 5	B07	Seine Aufgabenlösungen schüttelte er aus dem Ärmel	
1 2 3 4 5	B08	Geistige Aufgaben und Probleme bewältigte er schnell und sicher	
1 2 3 4 5	B09	Sein Arbeitsstil entsprach stets den Erwartungen	
1 2 3 4 5	B10	Sein Leistungspensum entsprach den hohen Erwartungen	
1 2 3 4 5	B11	Er war den Anforderungen körperlich voll gewachsen	
1 2 3 4 5	B12	Für ihn neuartige Aufgaben löste er schnell und sicher	
1 2 3 4 5	B13	Er konnte Neues schnell lernen und verarbeiten	
1 2 3 4 5	B14	Er ließ sich für ihm übertragene Aufgaben rasch begeistern (motivieren)	
1 2 3 4 5	B15	Die Anweisungen seiner Vorgesetzten befolgte er stets	
1 2 3 4 5	B16	Es traten keine Fehler infolge von Sinnesmängeln (Seh-, Hörschwächen usw.) auf	
1 2 3 4 5	B17	Mit andersartigen fachlichen Auffassungen kam er stets zurecht	
1 2 3 4 5	B18	Bei seiner Arbeit berücksichtigte er stets alle wichtigen Informationen	
1 2 3 4 5	B19	Er nahm immer Rücksicht auf sachliche Notwendigkeiten seiner Arbeiten	
1 2 3 4 5	B20	Gegenüber seinen Kollegen und Mitarbeitern konnte er sich sicher behaupten	

Code: Datum:

....

Unterschriften der Beurteiler)

Kenntnisnahme durch den Beurteilten am:

....

(Unterschrift)

Als Code dienen in der Reihenfolge der erstellten Beurteilungen die Buchstaben von a bis t. Die Ergebnisse werden dann jeweils in das Auswertungsprogramm im rechten oberen Teil unter dem jeweiligen Code eingetragen. Dann erhält man unterhalb des Vergleichskasten die Bewährungskontrollwerte, die sich auf diese Weise schnell mit der letzten Eignungsberechnung vergleichen lassen. Allerdings muß man sich darüber klar werden, daß im Falle einer Stellen- und Anforderungsänderung ein neues Auswertungsblatt erstellt werden muß. Auf diese Weise gewinnt man stets einen Überblick über die weitere Entwicklung des Bewerbers im Betrieb und kann auch rechtzeitig eingreifen, wenn sich Veränderungen seiner Bewährung andeuten, gleichgültig, ob sie in Änderungen seiner Arbeitsverhaltensperson oder in solchen der Anforderungen oder der Umgebung liegen.

Verfahrenskontrolle

Die Bewährungskontrolle ist allerdings nur eine Seite der Medaille. Ebenso wichtig ist es, die sachgemäße Anwendung der Verfahren ständig zu überprüfen. Dazu sind von Zeit zu Zeit, je nach der herrschenden Innovationsrate die Arbeitsplatzanforderungen zu überprüfen. Dazu sind aber auch - etwa alle 4 bis 5 Jahre die Werte der Arbeitsverhaltensperson erneut zu bestimmen, denn auch diese ändert sich, wenn auch im allgemeinen nicht sehr schnell. Für eine solche Überprüfung dient die schon dargestellte Checkliste DCk, die der Vorgesetzte alle 3 bis 5 Jahre erneut ausfüllen sollte. Die Personalabteilung legt dann dazu eine neue Auswertungsdatei DAEb an. Zugleich sollte sie sowohl eine Gleichsinnigkeits- als auch eine Gleichwertigkeitskorrelationsberechnung für die neuen und die früheren Werte durchführen. Gravierende Veränderungen sollten mit dem Mitarbeiter besprochen werden, zumal sie sich auf seinen Einsatz, vor allem aber auch auf seine berufliche Entwicklung in bedeutsamer Weise auswirken können. Und leicht verliert man einen guten Mitarbeiter, weil man sich nicht rechtzeitig um ihn gekümmert hat.

Ergänzen laßt sich dieses, wenn der Mitarbeiter bereit ist mitzuwirken, indem er selbst einen entsprechenden Fragebogen ausfüllt, wie er im DFk vorliegt:

Verhaltensperson-Kurzinventar (DFK 1.0.)

Anweisung: Bitte beantworten Sie jede Frage sorgfältig und gewissenhaft nach folgender Skala:

1- nein, nicht, minimal, eher im Gegenteil,
2 - wenig, kaum, selten
3 - zeitweise, manchmal, mittel, (weiß nicht),
4 - häufig, markant, deutlich
5 - besonders ausgeprägt, sehr stark, immer, überaus,
indem Sie den für Sie zutreffenden Wert in Spalte A durchstreichen (/) oder bei Bearbeitung am Computer den zutreffenden Wert in Spalte I eintragen. Zwischenwerte (1,5; 2,5; usw.) sind erlaubt.

Name:

Nr.	A	Fragen	I
101	1 2 3 4 5	Ich verfüge über vielerlei Erfahrungen im täglichen Leben, verfüge über vielerlei Kenntnisse aus dem Alltagsleben und Alltagsgeschehen	
102	1 2 3 4 5	Ich verfüge über vielerlei philosophische Kenntnisse, kenne viele Schriften und Inhalte philosophischer Autoren und auch die Bedeutung der von ihnen benutzten Wörter	
103	1 2 3 4 5	Ich verfüge über breite und vielerlei Einzelkenntnisse von der Gesellschaft, von den Vorgängen in Staat und Gemeinde und den geltenden Vorschriften	
104	1 2 3 4 5	Ich verfüge über eine Vielzahl von weltanschaulicher Inhalten, d.h. moralischer, sittlicher, aber auch religiöser Vorstellungen ebenso wie politischer	
105	1 2 3 4 5	Ich verfüge über vielerlei historische (geschichtlichen) Einzelkenntnisse, kenne mich in den wesentlichen Ereignissen der Weltgeschichte aus, weiß auch, sie zeitlich zu fixieren	
106	1 2 3 4 5	Ich verfüge über vielerlei Einzelkenntnisse von menschlicher Bildung und Entwicklung, von der Reifung und dem Erwachsenenwerden sowohl in heutiger als auch in früherer Zeit	
107	1 2 3 4 5	Ich verfüge über vielerlei Führungs- und Leitungskenntnisse, weiß in Einzelfällen, wie man führen und lenken muß, wozu und mit welchen Mitteln zu arbeiten ist	
108	1 2 3 4 5	Ich verfüge über vielerlei Erfahrungen in der Pflege und Erhaltung von Dingen, in der Wartung und Wiederherstellung ihrer Form und Funktion	
109	1 2 3 4 5	Ich besitze einiges Kunstverständnis, kenne mich in der Malerei, Architektur, Bildnerei und Musik aufgrund vielerlei Einzeldaten aus	
110	1 2 3 4 5	Ich verfüge über vielerlei Einzelerfahrungen in Verwaltungsfragen vom Erstellen von Schriftstücken über deren Abfertigung bis zur Ablage	
111	1 2 3 4 5	Ich verfüge über vielerlei Einzelkenntnisse in neuzeitlicher Technik, insbesondere auch in Haus- und Haushaltstechnik	
112	1 2 3 4 5	Ich habe vielerlei ökonomische und wirtschaftliche Einzelkenntnisse, weiß vielerlei von den Vorkommnissen in der Wirtschaft, von Buchhaltung, Geld und Finanzen	
113	1 2 3 4 5	Eine Strecke ohne Hilfsmittel in 3 gleiche Teile zu teilen, gelingt mir haargenau.	

114	1 2 3 4 5	Bei geistigen Aufgaben erkenne ich schnell das Wesentliche, den Kern des jeweiligen Problems.	
115	1 2 3 4 5	Ich habe sehr geschickte Finger.	
116	1 2 3 4 5	Im Beruf wie im Privatleben entscheide ich sehr energisch und bestimmt.	
117	1 2 3 4 5	Puzzles kann ich schnell und sicher lösen.	
118	1 2 3 4 5	Ich lerne jeden Tag etwa hinzu.	
119	1 2 3 4 5	In der Arbeit mit den Händen bin ich geschickt.	
120	1 2 3 4 5	Auf Anregungen von außen spreche ich voll an.	
121	1 2 3 4 5	Ich habe ausgeprägtes Können in Raumlehre (Stereometrie).	
122	1 2 3 4 5	Ich kann geistig – gedanklich - geschickt kombinieren und unterschiedliche Inhalte miteinander verbinden, um damit zur Aufgabenlösung zu finden.	
123	1 2 3 4 5	Ich bin mit beiden Händen zugleich geschickt.	
124	1 2 3 4 5	Bei der Arbeit kann ich mich konzentrieren	
125	1 2 3 4 5	Ich verfüge über vertiefte und fundierte Erfahrungen zum täglichen Leben und den wirkenden Zusammenhängen.	
126	1 2 3 4 5	Ich verfüge über fundierte und umfassende theoretische Kenntnisse und dadurch über viel Verständnis für die bestehenden Zusammenhänge in der Welt.	
127	1 2 3 4 5	Ich verfüge über fundiertes und umfassendes Wissen von der Gesellschaft, ihren Wirkungsmechanismen und den herrschenden Zusammenhängen	
128	1 2 3 4 5	Ich verfüge über umfassende und fundierte Kenntnisse weltanschaulicher Inhalte, ihre Hintergründe und Auswirkungen auf das Leben der Menschen	
129	1 2 3 4 5	Ich verfüge über fundiertes historisches (geschichtliches) Wissen, kenne die Hintergründe der Ereignisse und ihre Zusammenhänge	
130	1 2 3 4 5	Ich verfüge über umfassendes Wissen von menschlichen Bildungsvorgängen und Reifungsprozessen und ihren Hintergründen.	
131	1 2 3 4 5	Ich verfüge über umfassende Führungs- und Leitungskenntnisse für jede Situation und die jeweiligen Zusammenhänge.	
132	1 2 3 4 5	Ich verfüge über fundierte Erfahrungen und Kenntnisse in der Pflege und Erhaltung von Dingen	
133	1 2 3 4 5	Ich besitze umfassendes und fundiertes Kunstverständnis.	
134	1 2 3 4 5	Ich verfüge über umfassende Erfahrungen in Verwaltungsfragen. Und die herrschenden Zusammenhänge	
135	1 2 3 4 5	Ich verfüge über fundiertes und gründliches Wissen in neuzeitlicher Technik.	
136	1 2 3 4 5	Ich habe gründliches ökonomisches und wirtschaftliches Wissen, kenne die Zusammenhänge und Hintergründe	
137	1 2 3 4 5	Ab und zu verliere ich meine Geduld und werde wütend	
138	1 2 3 4 5	Ich erzürne mich häufiger	
139	1 2 3 4 5	Hin und wieder gebe ich ein bißchen an	
140	1 2 3 4 5	Manchmal komme ich zu spät zu einer Verabredung oder zur Arbeit	

201	1 2 3 4 5	Ich reagiere im Leben unmittelbar, ohne lange zu überlegen und viel nachdenken zu müssen, so wie es im Augenblick gerade richtig ist	
202	1 2 3 4 5	Ich plane - auch im Alltag - sehr sorgfältig im voraus und überlege mir jeden Schritt und jede Handlung, ehe ich an die Ausführung gehe	
203	1 2 3 4 5	Ich versuche, überall im Alltag, auf der Straße und im Beruf mit vielen anderen Menschen in Kontakt und ins Gespräch zu kommen	
204	1 2 3 4 5	Im Umgang mit anderen Menschen - vor allem mir unbekannten - halte ich mich zurück und wahre Abstand, versuche, nicht aufzufallen und nicht zudringlich zu werden	
205	1 2 3 4 5	Ich lasse mich schnell für Neues begeistern, bin immer sehr interessiert an allem und äußere mich auch schnell und sicher dazu	
206	1 2 3 4 5	Ich habe unauflösliche feste und langjährige Freundschaften, die ich pflege, auf die es mir ankommt	
207	1 2 3 4 5	Ich kann mich und meine Meinung gegenüber anderen Menschen durchsetzen, kann es nicht nur, tue es auch	
208	1 2 3 4 5	Ich passe mich den jeweiligen Umständen an und stelle mich innerlich auf sie ein, ohne ihnen jedoch blindlings zu folgen.	
209	1 2 3 4 5	Ich traue mir selbst allgemein im Leben und auch im Beruf viel zu, bin der Meinung, daß ich viel bewirken und erreichen kann	
210	1 2 3 4 5	Ich nehme Ereignisse, Dinge und Vorgänge im Leben sehr ernst und auch schwer.	
211	1 2 3 4 5	Ich bin ein schwungvoller Mensch mit Unternehmungsgeist und Dynamik	
212	1 2 3 4 5	Meinem eigenen Standpunkt kann ich auch gegenüber anderen - selbst höher gestellten – Menschen behaupten	
213	1 2 3 4 5	Ich kann Entfernungen exakt schätzen.	
214	1 2 3 4 5	Hochgeistigen und komplizierten Gedankengängen kann ich leicht folgen.	
215	1 2 3 4 5	Ich kann geschickt mit Nadel und Faden umgehen.	
216	1 2 3 4 5	Ich lebe sehr bewußt.	
217	1 2 3 4 5	Einmal gesehene Formen - auch Gesichter - vergesse ich nicht.	
218	1 2 3 4 5	Neue Informationen und Eindrücke verwerte ich umgehend.	
219	1 2 3 4 5	Ich bin geschickt als Bastler .	
220	1 2 3 4 5	Ich bin flexibel, wenn sich die Umstände ändern.	
221	1 2 3 4 5	Flächenhafte Bilder (Fotos usw.) sehe ich plastisch und räumlich.	
222	1 2 3 4 5	Ich bin geistig vielseitig und denkgewandt, kann mich in meinem Denken schnell umstellen.	
223	1 2 3 4 5	Ich habe ein ausgeprägtes Balancegefühl.	
224	1 2 3 4 5	Auch wenn andere reden, kann ich dabei geistig arbeiten.	
225	1 2 3 4 5	Ich handle immer wieder unüberlegt und unkritisch aus dem Augenblick heraus.	
226	1 2 3 4 5	Ich lebe und arbeite mit Vorliebe nach einem festen Schema bzw. nach klaren Vorschriften.	

227	1 2 3 4 5	Ich lege großen Wert auf Äußerlichkeiten und äußere Erscheinung (Kleidung, Auftreten usw.)	
228	1 2 3 4 5	Ich meide den Kontakt mit anderen Menschen und dem Geschehen in der Welt, wo es möglich ist.	
229	1 2 3 4 5	Meine Beziehungen zu anderen bleiben eher oberflächlich.	
230	1 2 3 4 5	Meine Einstellung gegenüber anderen ist subjektiv gefärbt und von persönlichen Wünschen mitbestimmt.	
231	1 2 3 4 5	Ich setze mich im Leben hart und gewaltsam durch und gebrauche ständig meine Ellenbogen.	
232	1 2 3 4 5	Der Meinung anderer Menschen schließe ich mich meistens an.	
233	1 2 3 4 5	Ich reagiere leicht überheblich und selbstgefällig, bin sehr stolz auf mich und meine Erfolge	
234	1 2 3 4 5	Ich bin oft mißmutig und mißgelaunt, wirke oftmals verdrossen und niedergeschlagen	
235	1 2 3 4 5	Ich bin innerlich voller Unruhe und Unrast und komme nicht zu mir zur Ruhe	
236	1 2 3 4 5	Ich habe feste Grundsätze und bleibe ihnen treu.., auch wenn ich damit andere verletze und mir Schwierigkeiten einhandele	
237	1 2 3 4 5	Ab und zu lache ich über einen unanständigen Witz	
238	1 2 3 4 5	Ich gewinne viel lieber im Spiel als daß ich verliere	
239	1 2 3 4 5	Unter den Leuten, die ich kenne, sind einige, die ich nicht ausstehen kann	
240	1 2 3 4 5	Ich lerne gerne bedeutende Menschen kennen, weil ich mich dann auch wichtiger vorkomme	
301	1 2 3 4 5	Ich liebe Praktisches und praktisches Handeln, bin froh, wenn ich praktisch Aufgaben lösen kann	
302	1 2 3 4 5	Ich bin theoretisch und wissenschaftlich außerordentlich interessiert- vor allem geisteswissenschaftlich -.	
303	1 2 3 4 5	Ich habe ein ausgeprägtes Interesse am Geschehen in meiner Gemeinde und meiner Nachbarschaft.	
304	1 2 3 4 5	Ich habe feste und eindeutige Moral- und Wertvorstellungen, die ich zu leben versuche.	
305	1 2 3 4 5	Ich interessiere mich für Literatur, Romane, aber auch Gedichte und Ähnliches	
306	1 2 3 4 5	Ich lebe vor allem mit und für meine Familie bzw. meinen Partner (Partnerschaft).	
307	1 2 3 4 5	Ich bin an technischen Einrichtungen und Vorgängen interessiert.	
308	1 2 3 4 5	Ich habe Freude daran, andere zu pflegen, zu hegen, zu schützen und zu umsorgen.	
309	1 2 3 4 5	Ich interessiere mich für die Kunst und künstlerisches Tun und Schaffen.	
310	1 2 3 4 5	Ich arbeite gern mit Zahlen, freue mich, wenn ich etwas in Zahlen ausdrücken kann.	

311	1 2 3 4 5	Ich bin am Zukünftigen, an dem, was die Zukunft bringt und bringen könnte, interessiert.	
312	1 2 3 4 5	Geld und materieller Besitz sind mir wichtig.	
313	1 2 3 4 5	Ich habe ein gutes Augenmaß, um Längen und Abstände richtig einzuschätzen.	
314	1 2 3 4 5	Ich kann bei geistigen Aufgaben immer schnell Wesentliches von Unwesentlichem unterscheiden.	
315	1 2 3 4 5	Bei feinen Handarbeiten bin ich geschickt.	
316	1 2 3 4 5	Ich schließe im Leben und im Beruf keinerlei Kompromisse.	
317	1 2 3 4 5	Ich kann zerrissene Papierblätter leicht richtig zusammenfügen.	
318	1 2 3 4 5	Mir fallen bei geistigen Aufgaben stets weit vom Thema liegende Inhalte ein, die oft zur Lösung beitragen	
319	1 2 3 4 5	Ich verfüge über Handgeschick.	
320	1 2 3 4 5	Rand- und Nebeneindrücke erfasse ich vollständig.	
321	1 2 3 4 5	Auch nur einmal gesehene Räume kann ich mir später gut vorstellen.	
322	1 2 3 4 5	Geistige Aufgaben löse ich oft in unüblicher Weise erfolgreich, insbesondere bei praktischen Aufgaben kommt mir das zugute	
323	1 2 3 4 5	Meine Körperbewegungen sind geschmeidig.	
324	1 2 3 4 5	Ich kann mich stunden- oder gar tagelang mit einer Sache beschäftigen.	
325	1 2 3 4 5	Ich bin ein ausgesprochener Genußmensch.	
326	1 2 3 4 5	Praktische und alltägliche Arbeiten, z.B. Renovierungen wie Streichen, Tapezieren usw., lehne ich ab.	
327	1 2 3 4 5	Ich möchte gern öffentlich geehrt, belobigt und ausgezeichnet werden.	
328	1 2 3 4 5	„Andersgläubigen" (Religion, Weltanschauung, Partei, usw.) begegne ich mit Mißtrauen.	
329	1 2 3 4 5	Ich bevorzuge als Lesestoff Liebesromane und „leichte" Literatur.	
330	1 2 3 4 5	Ich liebe nur mich selbst und interessiere mich in erster Linie für mich selbst.	
331	1 2 3 4 5	Mich interessieren Waffen und Waffentechnik, Kriege und Schlachten.	
332	1 2 3 4 5	Technischen Aufgaben und Fragen gehe ich aus dem Wege.	
333	1 2 3 4 5	Nüchterne und sachliche Möbel im Bürostil lehne ich grundsätzlich ab.	
334	1 2 3 4 5	Bei mir muß sich alles berechnen oder doch in Zahlen ausdrücken lassen, damit ich mich wohlfühle.	
335	1 2 3 4 5	Ich meide alles Gewohnte und Übliche, alles, was <u>m a n</u> tut .	
336	1 2 3 4 5	Fremdes und Neuartiges stört mich.	
337	1 2 3 4 5	Ab und zu fallen mir Gedanken ein, die andere Leute nicht wissen dürften	
338	1 2 3 4 5	Ich spreche manchmal über Dinge, von denen ich nichts verstehe	
339	1 2 3 4 5	Manchmal schiebe ich etwas auf, was ich sofort tun sollte	
340	1 2 3 4 5	Mit der Wahrheit nehme ich es nicht immer ganz genau	
401	1 2 3 4 5	Im Leben und im Beruf ergreife ich ständig die Initiative, gebe ich immer wieder Impulse	

402	1 2 3 4 5	Ich bin ein kritischer und prüfender Mensch, dem es darauf ankommt, vernünftig zu handeln.	
403	1 2 3 4 5	Ich habe immer und überall, wo ich hinkomme, viele Bekannte und Bekanntschaften.	
404	1 2 3 4 5	Im Umgang mit anderen Menschen lege ich Wert auf Abstand, die eigene Privatsphäre muß gewahrt und geschützt bleiben	
405	1 2 3 4 5	Gefühlsmäßig reagiere ich im allgemeinen lebhaft und schnell.	
406	1 2 3 4 5	Ich möchte täglich - auch im Beruf - stets mit den gleichen, mir vertrauten Menschen zusammen sein können.	
407	1 2 3 4 5	Ich lege Wert darauf, sehr selbständig und ohne ständige Weisung und Devormundung durch andere arbeiten zu können.	
408	1 2 3 4 5	Auf Anregungen anderer Menschen spreche ich jederzeit an, akzeptiere sie, ohne sie deshalb ungeprüft umzusetzen.	
409	1 2 3 4 5	Risiken und riskante Unternehmungen brauche ich zum Leben, um mich wohlzufühlen.	
410	1 2 3 4 5	Ich reagiere im Leben im allgemeinen besonnen und wäge immer Vorteile und Risiken sorgfältig ab	
411	1 2 3 4 5	Ich habe stets etwas vor oder nehme mir etwas vor, Langeweile kenne ich nicht	
412	1 2 3 4 5	Meine Ziele verfolge ich beharrlich und unbeirrbar und lasse mich von ihnen nicht abbringen	
413	1 2 3 4 5	Ich kann eine Torte ohne Hilfsmittel exakt in 5 gleiche Teile teilen.	
414	1 2 3 4 5	Ich verstehe auch komplizierte philosophische Texte.	
415	1 2 3 4 5	Ich verfüge über viel Fingerfertigkeit.	
416	1 2 3 4 5	Ich kann mich in allen Lebenslagen eindeutig entscheiden.	
417	1 2 3 4 5	In Suchbildern finde ich die Fehler schnell.	
418	1 2 3 4 5	Es fällt mir leicht, immer wieder umzulernen.	
419	1 2 3 4 5	Im Modellbau bin ich geschickt.	
420	1 2 3 4 5	Ich benötige im allgemeinen wenig Zeit, um mich auf Arbeitsveränderungen einzustellen.	
421	1 2 3 4 5	Nach einmaligem Sehen kann ich eine Zimmereinrichtung genau beschreiben.	
422	1 2 3 4 5	Zu vorgegebenen Inhalten, Wörtern und Begriffen finde ich schnell verwandte Bezeichnungen und Inhalte.	
423	1 2 3 4 5	Meine Körperbewegungen sind harmonisch.	
424	1 2 3 4 5	Meine Arbeiten führe ich besonders sorgfältig und genau aus.	
425	1 2 3 4 5	Ich reagiere oft impulsiv und ohne lange zu überlegen.	
426	1 2 3 4 5	Ich lebe streng und diszipliniert nach ganz Regeln.	
427	1 2 3 4 5	Im Umgang mit anderen suche ich stets, deren Aufmerksamkeit zu wecken und auf mich und mein Tun zu lenken.	
428	1 2 3 4 5	Ich gehe am liebsten auf einsamen Wegen allein spazieren.	
429	1 2 3 4 5	Meine Partner und Freunde wechsle ich ständig.	

430	1 2 3 4 5	Ich reagiere gegenüber anderen oft unsachlich und persönlich.	
431	1 2 3 4 5	Ich versuche ständig, andere zu beherrschen und zu kommandieren und kann dabei recht heftig werden.	
432	1 2 3 4 5	Ich gerate leicht in Abhängigkeit von anderen Menschen und deren Meinung und Tun.	
433	1 2 3 4 5	Privat wie beruflich reagiere ich hektisch und übereilt.	
434	1 2 3 4 5	Privat wie beruflich reagiere ich übervorsichtig und riskiere nichts	
435	1 2 3 4 5	Ich reagiere immer wieder besonders ungestüm und heftig.	
436	1 2 3 4 5	Änderungen und Veränderungen in meinem Leben vermeide ich.	
437	1 2 3 4 5	Ich habe mitunter Geldsorgen	
438	1 2 3 4 5	Ab und zu erzähle ich gern eine kleine Lüge	
439	1 2 3 4 5	Ich klatsche bzw. tratsche manchmal über andere	
440	1 2 3 4 5	Meine Tischmanieren sind zu Hause weniger gepflegt als in Gesellschaft	

Auch diese Werte werden in das Auswertungsprogramm DAEb übertragen. Man kann sie auch gemeinsam mit den Ergebnissen der Arbeitsverhaltensbeurteilung nach der Checkliste DCk auswerten, was manchmal interessante Rückschlüsse zuläßt. Auf jeden Fall gewinnt man durch die Mithilfe des Mitarbeiters eine zusätzliche Sicht auf dessen Arbeitsverhaltensperson.

Nicht unsinnig ist es, eine solche Arbeitsverhaltensbeurteilung auch am Ende der Probezeit vornehmen zu lassen, wenn man also mehr Informationen über das Arbeitsverhalten des Neuen hat, als man auch im ausgiebigsten Vorstellungsgespräch gewinnen kann, denn dadurch erhalten die Daten zur Arbeitsverhaltensperson mehr Sicherheit und Objektivität.

Ein Beispiel

Bewerbungsfragebogen

Aus einer Bewerbung für die oben angeführte Position des Teamleiters in der psychodiagnostischen Verfahrensentwicklung hier nun der Bewerbungsfragebogen DFk2:

Bewerberkurzauskunft (DFk2)

Anweisung: Damit wir ihre Bewerbung noch besser werten können, beantworten Sie bitte die nachstehenden Fragen. Bewerten Sie dazu nach folgender Skala, wie Sie sich selbst **bei Übernahme der vorgesehenen Stelle** in den einzelnen Punkten einschätzen. Lassen Sie keine Frage aus. Tragen Sie die Werte nach folgender Skala in die Spalte A ein, indem Sie die zutreffende Ziffer durchstreichen (/). Zwischenwerte (1,5; 2,5; usw.) sind erlaubt.

1= trifft nicht zu, eher das Gegenteil ist der Fall;
2= trifft wenig zu, selten, recht mäßig
3= mittel, durchschnittlich, zeitweise, normal;
4= ausgeprägt, häufig, meistens, deutlich
5= trifft immer zu, überragend, unbedingt zu bejahen, stets

Name: NN
Alter: 63 Jahre
angestrebte Position: Teamleiter Verfahrensentwicklung

	Fragen	A	I
a101	Ich verfüge über vielerlei Erfahrungen im täglichen Leben.	1 2 3 4 5	4
a102	Ich verfüge über vielerlei philosophische Kenntnisse	1 2 3 4 5	3
a103	Breite und Vielzahl meiner Einzelkenntnisse von der Gesellschaft	1 2 3 4 5	3
a104	Breite und Vielzahl meiner Einzelkenntnisse weltanschaulicher Inhalte	1 2 3 4 5	3,5
a105	Ich verfüge über vielerlei historische (geschichtlichen) Einzelkenntnisse	1 2 3 4 5	3
a106	Ich verfüge über vielerlei Einzelkenntnisse von menschlicher Bildung.	1 2 3 4 5	5
a107	Ich verfüge über vielerlei Führungs- und Leitungskenntnisse..	1 2 3 4 5	2
a108	Ich verfüge über vielerlei Erfahrungen in der Pflege und Erhaltung von Dingen	1 2 3 4 5	2
a109	Ich besitze einiges Kunstverständnis.	1 2 3 4 5	2,5
a110	Ich verfüge über vielerlei Einzelerfahrungen in Verwaltungsfragen.	1 2 3 4 5	4
a111	Ich verfüge über vielerlei Einzelkenntnisse in neuzeitlicher Technik.	1 2 3 4 5	3,5
a112	Ich habe vielerlei ökonomische und wirtschaftliche Einzelkenntnisse.	1 2 3 4 5	3

a113	Eine Strecke ohne Hilfsmittel in 3 gleiche Teile zu teilen, gelingt mir haargenau.	1 2 3 4 5	4
a114	Bei geistigen Aufgaben erkenne ich schnell das Wesentliche.	1 2 3 4 5	4,5
a115	Ich habe sehr geschickte Finger.	1 2 3 4 5	4
a116	Im Beruf wie im Privatleben entscheide ich sehr energisch.	1 2 3 4 5	3
a117	Puzzles kann ich schnell und sicher lösen.	1 2 3 4 5	3,5
a118	Ich lerne ständig dazu.	1 2 3 4 5	4
a119	In der Arbeit mit den Händen bin ich geschickt.	1 2 3 4 5	3
a120	Auf Anregungen von außen spreche ich voll an.	1 2 3 4 5	3,5
a121	Ich habe ausgeprägtes Können in Raumlehre (Stereometrie).	1 2 3 4 5	4
a122	Ich kann geistig – gedanklich - geschickt kombinieren.	1 2 3 4 5	4
a123	Ich habe ein ausgeprägtes Balancegefühl.	1 2 3 4 5	3
a124	Bei der Arbeit kann ich mich konzentrieren	1 2 3 4 5	4
a125	Ich handle oft impulsiv, aus dem Augenblick heraus.	1 2 3 4 5	3
a126	Ich lebe und arbeite mit Vorliebe nach einem festen Schema.	1 2 3 4 5	2
a127	Ich lege großen Wert auf Äußerlichkeiten (Kleidung usw.)	1 2 3 4 5	2
a128	Kontakten gehe ich - soweit nicht für die Arbeit erforderlich - aus dem Wege	1 2 3 4 5	3
a129	Ich gerate leicht in Aufregung	1 2 3 4 5	2
a130	Ich werde leicht sentimental.	1 2 3 4 5	3
a131	Gegenüber anderen Menschen reagiere ich leicht zu scharf.	1 2 3 4 5	3,5
a132	Gegenüber den Wünschen anderer gebe ich leicht nach.	1 2 3 4 5	3
a133	Ich überschätze meine Möglichkeiten	1 2 3 4 5	2,5
a134	Ich bin besonders vorsichtig	1 2 3 4 5	3,5
a135	Ich bin innerlich voller Unruhe und Unrast.	1 2 3 4 5	4
a136	Meinen Grundsätzen bleibe ich unbedingt treu..	1 2 3 4 5	3
b101	Ich reagiere im Leben unmittelbar	1 2 3 4 5	3
b102	Ich plane - auch im Alltag - sehr sorgfältig im voraus.	1 2 3 4 5	4
b103	Ich versuche stets, mit anderen Menschen in Kontakt zu kommen	1 2 3 4 5	3
b104	Im Umgang mit anderen Menschen halte ich mich zurück	1 2 3 4 5	4
b105	Ich lasse mich schnell für Neues begeistern	1 2 3 4 5	4
b106	Ich habe unauflösliche feste und langjährige Freundschaften	1 2 3 4 5	4
b107	Ich kann mich gegenüber anderen Menschen durchsetzen.	1 2 3 4 5	2,5
b108	Ich passe mich den jeweiligen Umständen an.	1 2 3 4 5	3
b109	Ich traue mir selbst in meinem Beruf viel zu.	1 2 3 4 5	4
b110	Ich nehme Dinge und Vorgänge im Leben sehr ernst.	1 2 3 4 5	4

b111	Ich bin ein schwungvoller Mensch	1 2 3 4 5	3,5
b112	Meinem eigenen Standpunkt kann ich behaupten	1 2 3 4 5	3
b113	Ich habe ein gutes Augenmaß, um Längen und Abstände richtig einzuschätzen.	1 2 3 4 5	4,5
b114	Ich kann geistig immer Wesentliches von Unwesentlichem unterscheiden.	1 2 3 4 5	4
b115	Bei feinen Handarbeiten bin ich geschickt.	1 2 3 4 5	4
b116	Ich schließe im Leben und im Beruf keinerlei Kompromisse.	1 2 3 4 5	3
b117	Formenunterschiede kann ich exakt unterscheiden.	1 2 3 4 5	4
b118	Neues kann ich leicht erlernen.	1 2 3 4 5	4
b119	Ich bin handwerklich begabt.	1 2 3 4 5	2,5
b120	Ich kann mehrere Vorgänge (Gespräche usw.) zugleich verfolgen.	1 2 3 4 5	3
b121	Technische Zeichnungen kann ich gut lesen und mir die Geräte vorstellen.	1 2 3 4 5	4
b122	Anfallende Aufgaben betrachte ich von verschiedenen Seiten zugleich.	1 2 3 4 5	4
b123	Ich bin im allgemeinen körperlich beweglich.	1 2 3 4 5	2,5
b124	Bei der Arbeit lasse ich mich nicht ablenken.	1 2 3 4 5	4
b125	Ich lege großen Wert auf eine gute Kantine	1 2 3 4 5	4
b126	Praktische und alltägliche Arbeiten lehne ich ab.	1 2 3 4 5	3
b127	Ich stehe gerne im Mittelpunkt	1 2 3 4 5	3
b128	Menschen mit anderen Anschauungen (Religion, Partei, usw.) begegne ich mit besondere Vorsicht.	1 2 3 4 5	3,5
b129	Mich interessieren insbesondere kulturelle und literarische Aufgaben	1 2 3 4 5	4
b130	Ich sollte möglichst immer mit den gleichen Menschen zusammenarbeiten	1 2 3 4 5	3
b131	Mich interessieren Waffen und Waffentechnik .	1 2 3 4 5	2
b132	Technischen Aufgaben und Fragen gehe ich aus dem Wege.	1 2 3 4 5	2
b133	Nüchterne und sachliche Möbel im Bürostil lehne ich grundsätzlich ab.	1 2 3 4 5	3
b134	Bei mir muß sich alles berechnen lassen, damit ich mich wohlfühle.	1 2 3 4 5	4
b135	Ich meide Gewohntes und Übliches .	1 2 3 4 5	3
b136	Fremdes und Neuartiges bringt mich hier und dort aus dem Konzept.	1 2 3 4 5	3
c101	Ich liebe Praktisches und praktisches Handeln.	1 2 3 4 5	3
c102	Ich bin theoretisch und wissenschaftlich außerordentlich interessiert.	1 2 3 4 5	5
c103	Ich habe ein ausgeprägtes Interesse am Geschehen in meiner engeren Umwelt	1 2 3 4 5	3
c104	Ich habe strenge Moralvorstellungen	1 2 3 4 5	3
c105	Ich interessiere mich für Literatur.	1 2 3 4 5	3
c106	enge und freundschaftliche Zusammenarbeit ist mir wichtig	1 2 3 4 5	4
c107	Ich bin technisch interessiert.	1 2 3 4 5	4

c108	Ich lege viel Wert auf gute Zusammenarbeit	1 2 3 4 5	4
c109	Ich interessiere mich für Aufgaben in der Werbung und im Künstlerischen	1 2 3 4 5	2
c110	Ich arbeite gern mit Zahlen.	1 2 3 4 5	4
c111	Ich bin an abwechslungsreicher Arbeit interessiert	1 2 3 4 5	4
c112	Ich suche einen festen Arbeitsplatz	1 2 3 4 5	4
c113	Ich habe ein gutes Augenmaß, um Längen und Abstände richtig einzuschätzen.	1 2 3 4 5	4
c114	Ich bin fähig, Zahlenreihen schnell zu analysieren, um sie richtig fortzusetzen	1 2 3 4 5	4
c115	Ich vertippe mich nur sehr selten	1 2 3 4 5	3
c116	Jede Art von Unbestimmtheit und Verschwommenheit lehne ich ab	1 2 3 4 5	4
c117	Ähnlichkeiten zwischen Formen fallen mir sofort auf	1 2 3 4 5	4
c118	Ich verfüge über ein umfangreiches Wissen	1 2 3 4 5	4
c119	Schlosser- und Tischlerarbeiten gelingen mir meistens	1 2 3 4 5	2
c120	Ich überschaue stets mehrere Vorgänge zur gleichen zeit	1 2 3 4 5	3
c121	Auch bei einäugigem Sehen erlebe ich meine Umwelt dreidimensional	1 2 3 4 5	4
c122	Ich kann meine Gedanken sprachlich sehr genau darstellen und wiedergeben	1 2 3 4 5	4
c123	Mein Gang ist locker und elastisch, ohne Härte und Steifhheit	1 2 3 4 5	2
c124	Meine Gedanken schweifen nie ab	1 2 3 4 5	3
c125	Ich verfüge über vertiefte und fundierte Erfahrungen im täglichen Leben.	1 2 3 4 5	3
c126	Ich verfüge über fundierte und umfassende theoretische Kenntnisse.	1 2 3 4 5	4
c127	Ich verfüge über fundiertes und umfassendes Wissen von Staat und Gesellschaft	1 2 3 4 5	3
c128	Ich verfüge über umfassende und fundierte Kenntnisse weltanschaulicher Inhalte	1 2 3 4 5	3,5
c129	Ich verfüge über fundiertes historisches (geschichtliches) Wissen	1 2 3 4 5	3
c130	Ich verfüge umfassendes Wissen von menschlichen Bildungsvorgängen.	1 2 3 4 5	4,5
c131	Ich verfüge über umfassende Führungs- und Leitungskenntnisse..	1 2 3 4 5	2
c132	Ich verfüge über fundierte Erfahrungen in der Pflege und Erhaltung von Dingen	1 2 3 4 5	2
c133	Ich besitze umfassendes und fundiertes Kunstverständnis.	1 2 3 4 5	2
c134	Ich verfüge über umfassende Erfahrungen in Verwaltungsfragen.	1 2 3 4 5	3
c135	Ich verfüge über fundiertes und gründliches Wissen in neuzeitlicher Technik.	1 2 3 4 5	3
c136	Ich habe gründliches ökonomisches und wirtschaftliches Wissen	1 2 3 4 5	2
d101	Ich habe vielerlei Einzelkenntnisse vom Leben und vom Lebendigen.	1 2 3 4 5	3

d102	Ich verfüge über vielerlei Einzelkenntnisse in Erkenntnislehre und -theorie.	1 2 3 4 5	4
d103	Ich verfüge über vielerlei Werbe- und Propagandakenntnisse.	1 2 3 4 5	2
d104	Ich habe vielerlei Kenntnisse in Rechts-, vor allem Strafrechtsfragen.	1 2 3 4 5	3
d105	Ich verfüge über vielerlei Einzelkenntnisse der menschlichen Kultur und Kulturen.	1 2 3 4 5	3
d106	Ich verfüge über vielerlei Kenntnisse der menschlichen Psyche und Persönlichkeit	1 2 3 4 5	5
d107	Ich habe vielerlei Erfahrungen in der Ausübung von Macht.	1 2 3 4 5	2
d108	Ich habe vielerlei Einzelerfahrungen in der Beratung von Menschen.	1 2 3 4 5	4
d109	Ich verfüge über vielerlei einzelne Architekturkenntnisse.	1 2 3 4 5	1
d110	Ich verfüge über vielerlei Einzelkenntnisse in Kybernetik und Systemtheorie.	1 2 3 4 5	4
d111	Ich habe vielerlei Kenntnisse von Utopien und Zukunftswünschen der Menschen.	1 2 3 4 5	3
d112	Ich verfüge über vielerlei Einzelkenntnisse in Eigentums- und Besitzfragen.	1 2 3 4 5	3
d113	Ich sehe mit bloßem Auge, wenn eine Wand nicht exakt senkrecht steht	1 2 3 4 5	4
d114	Auch bei unbekannten Sachverhalten erkenne ich stets das Wesentliche des Problems	1 2 3 4 5	4
d115	Auch bei kurzen Fadenenden kann ich sicher Knoten knöpfen	1 2 3 4 5	3,5
d116	Ich bin mir stets klar darüber, was ich will	1 2 3 4 5	3
d117	Fehler in Mustern finde ich sofort	1 2 3 4 5	3
d118	Ich habe viel Phantasie und ständig neue Einfälle	1 2 3 4 5	4
d119	Ich kann geschickt mit Werkzeugmaschinen und maschinellen Werkzeugen hantieren	1 2 3 4 5	3
d120	Auf äußere Eindrücke reagiere ich innerlich sehr schnell	1 2 3 4 5	4
d121	Die üblichen Fernsehbilder sehe ich räumlich (dreidimensional)	1 2 3 4 5	4
d122	Ich denke stets sehr folgerichtig	1 2 3 4 5	4
d123	Körperlich bin ich im allgemeinen geschickt und unverkrampft	1 2 3 4 5	2
d124	Ich bin immer voll und ganz bei der Sache	1 2 3 4 5	4
d125	Ich reagiere impulsiv und ohne lange zu überlegen	1 2 3 4 5	2
d126	Ich bin ein besonders disziplinierter Mensch.	1 2 3 4 5	3
d127	Im Umgang mit anderen suche ich, deren Aufmerksamkeit zu wecken.	1 2 3 4 5	2
d128	Ich gehe am liebsten auf einsamen Wegen allein spazieren.	1 2 3 4 5	3
d129	Meine Beziehungen zu anderen bleiben oberflächlich.	1 2 3 4 5	4
d130	Meine Einstellung gegenüber anderen ist persönlich gefärbt	1 2 3 4 5	3
d131	Ich setze mich im Beruf unbedingt durch.	1 2 3 4 5	2

d132	Der Meinung anderer Menschen schließe ich mich gerne an.	1 2 3 4 5	2,5
d133	Ich liebe im Beruf das Risiko	1 2 3 4 5	2
d134	Ich vermeide in der Arbeit jedes Risiko	1 2 3 4 5	4
d135	Ich reagiere oft ungestüm.	1 2 3 4 5	3
d136	Änderungen und Veränderungen vermeide ich strikt.	1 2 3 4 5	2
e101	Ich brauche eine Arbeit, bei der ich selbst handeln muß.	1 2 3 4 5	3
e102	Ich kontrolliere mein Tun sorgfältig und nach Plan.	1 2 3 4 5	4
e103	Ich lebe und handle gern in Gesellschaft und zusammen mit anderen.	1 2 3 4 5	3
e104	Ich arbeite gern allein und für mich.	1 2 3 4 5	4
e105	Ich verfüge über Einfühlungsvermögen gegenüber anderen Menschen.	1 2 3 4 5	4
e106	Ich gehe im allgemeinen enge und dauerhafte Bindungen mit anderen ein	1 2 3 4 5	3
e107	In meiner Arbeit brauche ich Widerstände, die zu überwinden sind.	1 2 3 4 5	2
e108	Ich arbeite gern mit weichem, plastischem Material (Ton, Textilien usw.).	1 2 3 4 5	2
e109	Ich traue mir viel zu	1 2 3 4 5	3
e110	Ich beschäftige mich gern mit kleinen und feinen Dingen.	1 2 3 4 5	3
e111	Ich trachte danach, Neues in Angriff zu nehmen.	1 2 3 4 5	4
e112	Ich arbeite stetig und gleichmäßig	1 2 3 4 5	2
e113	Unterschiedliche Abstände zwischen Bildern an der Wand erkenne ich sofort	1 2 3 4 5	4
e114	Denkfehler in Gedankenfolgen und Texten finde ich schnell heraus	1 2 3 4 5	4
e115	Streichhölzer und ähnliche Dinge kann ich schnell und sicher sortieren	1 2 3 4 5	4
e116	Ich liebe klare und energische Entscheidungen	1 2 3 4 5	3
e117	Auch feine Formenunterschiede erkenne ich schnell	1 2 3 4 5	4
e118	Ich verfüge über einen großen Wortschatz	1 2 3 4 5	4
e119	Meine Handarbeiten, handwerklichen Arbeiten finden allgemein Anerkennung	1 2 3 4 5	2
e120	Ich bin sehr wendig und umstellungsfähig	1 2 3 4 5	3,5
e121	Wenn ich mich an einen Weg erinnere, sehe ich ihn räumlich vor mir	1 2 3 4 5	4
e122	Ich kann meine Gedanken meistens auch formal darstellen und beschreiben	1 2 3 4 5	4
e123	Meine Bewegungen sind nie lasch und nachlässig	1 2 3 4 5	3
e124	Ich bin stets ein sehr aufmerksamer Zuhörer	1 2 3 4 5	3
e125	Wissenschaften und Theorien stören mich und sollten abgeschafft werden.	1 2 3 4 5	2
e126	Gedankliche Spielereien und Planungen sind mir besonders lieb.	1 2 3 4 5	4
e127	Ich arbeite gerne in Gruppen, deren Mitglieder mich anerkennen	1 2 3 4 5	2
e128	Ich habe besonders strenge Moralvorstellungen	1 2 3 4 5	2
e129	Ich schwärme für und von Literatur, Romanen, Dichtung usw..	1 2 3 4 5	2
e130	Meine Arbeit will ich in meinem Sinne gestalten	1 2 3 4 5	3

e131	Ich strebe nach Macht und Einfluß.	1 2 3 4 5	2
e132	ich möchte andere beraten und belehren	1 2 3 4 5	4
e133	Ich suche einen schönen und ansprechenden Arbeitsplatz	1 2 3 4 5	4
e134	Improvisationen und Ungefährlösungen lehne ich ab	1 2 3 4 5	3
e135	Meine Arbeit sollte jeden Tag etwas Neues bieten	1 2 3 4 5	3
e136	Ich bin gegen jeden Fortschritt.	1 2 3 4 5	2
f101	Ich bin Naturfreund und -liebhaber.	1 2 3 4 5	2
f102	Ich interessiere mich für Philosophie und Geistesgeschichte.	1 2 3 4 5	4
f103	Ich interessiere mich für Vorgänge in Staat und Gesellschaft.	1 2 3 4 5	3
f104	Ich bevorzuge ein straff organisiertes Unternehmen.	1 2 3 4 5	4
f105	Ich habe großes Interesse an Sprachen	1 2 3 4 5	3
f106	Ich trachte vor allem danach, meine eigenen Möglichkeiten voll zu entfalten.	1 2 3 4 5	4
f107	Ich möchte andere führen, Führungsaufgaben übernehmen.	1 2 3 4 5	3
f108	Ich interessiere mich sehr für die Lebensumstände anderer Menschen.	1 2 3 4 5	4
f109	Ich bin ein musischer und künstlerischer Mensch.	1 2 3 4 5	2
f110	Bei mir muß alles seine Ordnung haben.	1 2 3 4 5	4
f111	Ich bin an allem Fremden interessiert.	1 2 3 4 5	4
f112	Wirtschaftlichkeitsüberlegungen und Kostensenkungen interessieren mich	1 2 3 4 5	3
f113	Ich kann ohne Hilfsmittel sehen, ob ein Fußboden horizontal oder schief ist	1 2 3 4 5	4
f114	Ich kann auch formalen, z.B. mathematischen usw. Darstellungen gut folgen	1 2 3 4 5	4
f115	Kleinste Schrauben kann ich sicher mit den Fingern eindrehen	1 2 3 4 5	4
f116	Kooperative Entscheidungen lehne ich ab	1 2 3 4 5	2
f117	Ob Flächen verschiedener Formen gleich groß sind, finde ich ohne Hilfsmittel schnell heraus	1 2 3 4 5	4
f118	Ich habe täglich neue Ideen	1 2 3 4 5	4
f119	Im Reparieren von Geräten und Einrichtungen habe ich viel Erfolg	1 2 3 4 5	3
f120	Ich beschäftige mich immer mit mehreren Dingen zur gleichen Zeit	1 2 3 4 5	3
f121	Ich kann Bauzeichnungen gut lesen und mir daran die Räume vorstellen	1 2 3 4 5	4
f122	Ich denke im allgemeinen sehr logisch	1 2 3 4 5	4
f123	Meine Bewegungen sind schwingend und fließend	1 2 3 4 5	2
f124	Ich beachte stets jede Kleinigkeit	1 2 3 4 5	2
f125	Mein Wissen über die Natur u. das organische Leben ist umfassend und fundiert.	1 2 3 4 5	1
f126	Ich verfüge über fundiertes und umfassendes wissenschaftliche Wissen.	1 2 3 4 5	3

f127	Ich verfüge über fundierte Erfahrungen in Repräsentation, Gesellschaft und Öffentlichkeitsarbeit usw.	1 2 3 4 5	2
f128	Ich habe umfassende und fundierte Kenntnisse auf religiösem Gebiete.	1 2 3 4 5	2
f129	Ich besitze fundiertes und umfassendes literarisches Wissen.	1 2 3 4 5	2
f130	Ich habe langjährige und fundierte Erfahrungen in und mit Partnerschaften.	1 2 3 4 5	4
f131	Ich verfüge über umfassende Führungserfahrungen.	1 2 3 4 5	2
f132	Ich habe fundierte Erfahrungen in der Betreuung von und Hilfe für Menschen.	1 2 3 4 5	2
f133	Ich verfüge über fundiertes und gründliches musikalisches Wissen.	1 2 3 4 5	2
f134	Ich habe fundierte und umfassende Organisationserfahrungen.	1 2 3 4 5	4
f135	Ich habe fundierte Kenntnisse von modernen u. zukünftigen Entwicklungen.	1 2 3 4 5	3
f136	Ich verfüge über fundiertes Wissen von Überlieferungen und Traditionen.	1 2 3 4 5	3

Daraus folgt:

	real	imag	| |		real	imag		real	imag	| |			
Pv	6,0	5,4	6,0	**Sbgv**	-1,1	-0,8	**Egv**	-0,5	-0,5	**vlv**	7,2	**VyV**	57,7
Rv	7,1	6,2	6,9							**dkv**	7,2	**IyV**	59,7
Uv	5,5	4,9	5,6	**Sägv**	-0,1	0,1				**ffv**	6,5	**FyV**	42,4
Üv	5,6	4,8	5,6							**wev**	5,0	**WyV**	46,0
Kv	6,1	5,5	6,1	**Gegv**	-1,1	-0,9	**Mnv**	0,1	0,1	**vpv**	6,5	**TyV**	50,9
Bv	7,2	6,4	7,0							**dpv**	7,0		
Gv	4,2	3,8	4,4	**Gbgv**	-1,3	-1,1				**fhv**	4,2		
Sv	5,5	4,9	5,6							**wmv**	5,7		
Ev	5,2	5,4	5,7	**Wegv**	-1,6	-1,2	**Wtv**	-0,6	-0,5	**vkv**	7,0		
Ov	6,8	6,6	6,9							**dev**	7,0		
Fv	4,9	4,5	5,1	**Wbgv**	-0,4	-0,3				**fkv**	3,8		
Tv	5,3	4,8	5,4							**wkv**	5,7		
Inv	5,8	5,3	5,9	**Ingv**	1,1		**INV**	-0,3	-0,3	**Lü**	#WERT!		

Und nach Eintragen der weiter oben aufgeführten Anforderungen für den Teamleiter in der psychodiagnostischen Verfahrensentwicklung:

+	Soll	Ist	D^2 i	Soll	Ist	D^2	Soll	Ist	D^2
Pv	5,4	6,0	0,4 Pv	3,8	5,4	2,6 vlv	5,2	7,2	4,0
Rv	7,7	7,1	0,4 Rv	6,1	6,2	0,0 dkv	8,1	7,2	0,8
Uv	5,7	5,5	0,0 Uv	4,5	4,9	0,2 ffv	6,6	6,5	0,0
Üv	5,2	5,6	0,2 Üv	4,7	4,8	0,0 wev	4,5	5,0	0,3
Kv	5,7	6,1	0,2 Kv	4,2	5,5	1,7 vpv	5,4	6,5	1,2
Bv	6,6	7,2	0,4 Bv	5	6,4	2,0 dpv	6,6	7,0	0,2
Gv	4,8	4,2	0,4 Gv	3,2	3,8	0,4 fhv	4,0	4,2	0,0
Sv	5,3	5,5	0,0 Sv	3,8	4,9	1,2 wmv	5,8	5,7	0,0
Ev	4,8	5,2	0,2 Ev	3,3	5,4	4,4 vkv	3,7	7,0	10,9
Ov	7,2	6,8	0,2 Ov	6,6	6,6	0,0 dev	7,7	7,0	0,5
Fv	5,3	4,9	0,2 Fv	4,3	4,5	0,0 fkv	5,2	3,8	2,0
Tv	5,7	5,3	0,2 Tv	4,9	4,8	0,0 wkv	7,3	5,7	2,6
	S	S/12	0,2	S/12	S/12	1,0%	T	S/12	1,9
					Beg.%	82,8			
					+S%	91,1			
					+iS%	80,0			
					ges%	84,5			

Daraus ist zu schließen, daß der Bewerber in die engere Wahl und damit zur Vorstellung kommen sollte, vorausgesetzt, daß er nach Vorbildung und Werdegang den sachlichen Anforderungen entsprechen könnte. Ein sprachlicher Befund zu diesem Ergebnis könnte den Teilnehmern des Prüfungsgremiums evtl. weitere Hinweise liefern, worauf ich hier aber verzichten möchte.

Vorstellungsergebnisse

Hinsichtlich der Vorstellungsergebnisse werde ich mich ebenfalls auf den Aspekt der Arbeitsverhaltensperson beschränken. Hierbei wurden folgende Mittelwerte im DCk erhalten:

Interviewkurzanalyse (DCk 1.0.)

Anweisung: Die folgenden Sachverhalte treffen auf den Probanden wie folgt zu:

1- nein, nicht, minimal, eher im Gegenteil,

2 - wenig, kaum, selten

3 - zeitweise, manchmal, mittel, (weiß nicht),

4 - häufig, markant, deutlich

5 - besonders ausgeprägt, sehr stark, immer, überaus,

Kennzeichnen Sie den zutreffenden Wert, indem Sie die entsprechende Ziffer in Spalte A durchstreichen (/) oder bei Bearbeitung am Computer den Wert in Spalte I eintragen. Zwischenwerte (1,5; 2,5; 3,5; 4,5) sind erlaubt.

Name:

Nr.	A	Item	I
101	1 2 3 4 5	Es sind vielerlei Erfahrungen und Kenntnisse aus dem täglichen Leben und vom Alltagsgeschehen vorhanden.	4
102	1 2 3 4 5	Es sind vielerlei Kenntnisse philosophischer Art und von vielen Schriften und philosophischen Autoren und auch von der Bedeutung der von ihnen benutzten Wörter und Begriffe vorhanden	3
103	1 2 3 4 5	Es sind breite und vielerlei Einzelkenntnisse von der Gesellschaft, von den Vorgängen in Staat und Gemeinde und den dort geltenden Vorschriften vorhanden	3
104	1 2 3 4 5	Eine Vielzahl weltanschaulicher Inhalte, d.h. moralischer, sittlicher, aber auch religiöser Vorstellungen ebenso wie politischer Ansichten ist vorhanden	3,5
105	1 2 3 4 5	Vielerlei historische (geschichtlichen) Einzelkenntnisse liegen vor, die wesentlichen Ereignisse der Weltgeschichte und ihre zeitliche Fixierung sind bekannt	4
106	1 2 3 4 5	Vielerlei Einzelkenntnisse von menschlicher Bildung und Entwicklung, von der Reifung und dem Erwachsenenwerden sowohl in heutiger als auch in früherer Zeit liegen vor	4,5
107	1 2 3 4 5	Vielerlei Führungs- und Leitungskenntnisse, Wissen und Erfahrungen, wie man im Einzelfalle führen und lenken muß, wozu und mit welchen Mitteln zu arbeiten ist, sind vorhanden	3
108	1 2 3 4 5	Vielerlei Erfahrungen in der Pflege und Erhaltung von Dingen und in der Wartung und Wiederherstellung ihrer Form und Funktion sind verfügbar.	2,5
109	1 2 3 4 5	einiges Kunstverständnis, Kenntnisse in der Malerei, Architektur, Bildnerei und Musik aufgrund von Einzeldaten sind vorhanden	3
110	1 2 3 4 5	Vielerlei Einzelerfahrungen in Verwaltungsfragen vom Erstellen von Schriftstücken über deren Abfertigung bis zur Ablage sind verfügbar	4
111	1 2 3 4 5	Vielerlei Einzelkenntnisse in neuzeitlicher Technik, insbesondere auch in Haus- und Haushaltstechnik stehen zur Verfügung	3,5
112	1 2 3 4 5	Vielerlei ökonomische und wirtschaftliche Einzelkenntnisse sind vorhanden, der Proband weiß vielerlei von den Vorkommnissen in der Wirtschaft, von Buchhaltung, Geld und Finanzen	3
113	1 2 3 4 5	Eine Strecke ohne Hilfsmittel in 3 gleiche Teile zu teilen, gelingt haargenau.	4,5
114	1 2 3 4 5	Bei geistigen Aufgaben wird schnell das Wesentliche, der Kern des jeweiligen Problems erfaßt und erkannt.	4
115	1 2 3 4 5	hat sehr geschickte und bewegliche Finger.	3,5
116	1 2 3 4 5	Im Beruf wie im Privatleben wird sehr energisch und bestimmt entschieden.	2,5

117	1 2 3 4 5	Puzzles werden schnell und sicher gelöst.	3,5
118	1 2 3 4 5	Jeden Tag wird Neues hinzugelernt.	4
119	1 2 3 4 5	In der Arbeit mit den Händen ist man geschickt.	3
120	1 2 3 4 5	Auf Anregungen von außen spricht man schnell und voll an.	3,5
121	1 2 3 4 5	Es besteht ausgeprägtes Können in Raumlehre (Stereometrie).	4
122	1 2 3 4 5	Geistig – gedanklich – wird geschickt kombiniert und unterschiedliche Inhalte miteinander verbunden, um damit zur Aufgabenlösung zu finden.	4,5
123	1 2 3 4 5	Ist mit beiden Händen zugleich geschickt.	3
124	1 2 3 4 5	Bei der Arbeit kann man sich gut konzentrieren	4,5
125	1 2 3 4 5	Vertiefte und fundierte Erfahrungen zum täglichen Leben und den wirkenden Zusammenhängen liegen vor.	3,5
126	1 2 3 4 5	Fundierte und umfassende theoretische Kenntnisse sind vorhanden und dadurch besteht viel Verständnis für die bestehenden Zusammenhänge in der Welt.	3,5
127	1 2 3 4 5	Verfügt über fundiertes und umfassendes Wissen von der Gesellschaft, ihren Wirkungsmechanismen und den herrschenden Zusammenhängen	2,5
128	1 2 3 4 5	Verfügt über umfassende und fundierte Kenntnisse weltanschaulicher Inhalte, ihrer Hintergründe und Auswirkungen auf das Leben der Menschen	2,5
129	1 2 3 4 5	Verfügt über fundiertes historisches (geschichtliches) Wissen, kennt die Hintergründe der Ereignisse und ihre Zusammenhänge	3
130	1 2 3 4 5	Verfügt über umfassendes Wissen von menschlichen Bildungsvorgängen und Reifungsprozessen und ihren Hintergründen.	4,5
131	1 2 3 4 5	Verfügt über umfassende Führungs- und Leitungskenntnisse für jede Situation und die jeweiligen Zusammenhänge.	2
132	1 2 3 4 5	Verfügt über fundierte Erfahrungen und Kenntnisse in der Pflege und Erhaltung von Dingen	2
133	1 2 3 4 5	Besitzt umfassendes und fundiertes Kunstverständnis.	2
134	1 2 3 4 5	Verfügt über umfassende Erfahrungen in Verwaltungsfragen und die herrschenden Zusammenhänge der Büroorganisation	3,5
135	1 2 3 4 5	Verfügt über fundiertes und gründliches Wissen in neuzeitlicher Technik.	3
136	1 2 3 4 5	Besitzt gründliches ökonomisches und wirtschaftliches Wissen, kennt die Zusammenhänge und Hintergründe	2,5
137	1 2 3 4 5	Ab und zu verliert sie (er) die Geduld und wird wütend	3
138	1 2 3 4 5	Erzürnt sich häufiger	2
139	1 2 3 4 5	Gibt hin und wieder ein bißchen und mehr an	3
140	1 2 3 4 5	Kommt manchmal zu spät zu einer Verabredung oder zur Arbeit	2
201	1 2 3 4 5	Reaktionen im Leben erfolgen unmittelbar, ohne lange zu überlegen und viel nachdenken zu müssen, so wie es im Augenblick gerade richtig ist oder erscheint, es folgt ein ursprüngliches, unmittelbares, natürliches und ungekünsteltes Verhalten, emotionale gefühlshafte und affektive Äußerungsweise	2

202	1 2 3 4 5	Auch im Alltag wird stets sorgfältig im voraus geplant und jeder Schritt und jede Handlung überlegt, ehe die Ausführung erfolgt. Das führt zu einem rationalen Verhalten, bei dem sorgfältig zwischen Situationen abgewogen wird; überlegte, vernünftige, kritische Äußerungsweise	3
203	1 2 3 4 5	Versucht, überall im Alltag, auf der Straße und im Beruf immer wieder mit vielen anderen Menschen in Kontakt und ins Gespräch zu kommen, wendet sich folglich seiner Umwelt, den Menschen und Dingen zu; kraftvolle, kräftige, herausragende Stimme	2,5
204	1 2 3 4 5	Im Umgang mit anderen Menschen - vor allem weniger bekannten – bemüht man sich um Zurückhaltung und Abstand, versucht, nicht aufzufallen und nicht zudringlich zu werden. Es folgt eine reservierte Haltung, distanzierte, reservierte, gebremste Äußerungsweise	3,5
205	1 2 3 4 5	Läßt sich schnell für Neues begeistern, und ist immer sehr interessiert an allem und äußert sich auch schnell und sicher dazu; sprühende, lebhafte und spritzige Äußerungsweise	3
206	1 2 3 4 5	Hat unauflösliche feste und langjährige Freundschaften, die gepflegt, auf großer Wert gelegt wird, auf die es dem Probanden ankommt; melodische, schwingende Sprechweise	4
207	1 2 3 4 5	Kann sich und die eigene Meinung gegenüber anderen Menschen durchsetzen, kann es nicht nur, will und tut es auch; akzentuierte Sprechweise, deutliche Betonungsakzente	2,5
208	1 2 3 4 5	Paßt sich den jeweiligen Umständen an und stelle sich innerlich auf sie ein, ohne ihnen jedoch blindlings zu folgen oder sich von ihnen bestimmen zu lassen. Es folgen Aufgeschlossenheit und Sensibilität; fließende und gelöste Sprechweise	3
209	1 2 3 4 5	Traut sich selbst allgemein im Leben und auch im Beruf viel zu, ist der Meinung, daß man selbst viel bewirken und erreichen kann. Es folgt eine positive lebensbejahende Haltung; sichere, frische Äußerungsweise	4
210	1 2 3 4 5	Nimmt Ereignisse, Dinge und Vorgänge im Leben sehr ernst und auch schwer, oberflächliche und flüchtige Reaktionen werden abgelehnt; scharfe und präzise Artikulation, jedes Wort und jede Silbe ist verständlich, nichts wird verschluckt	4
211	1 2 3 4 5	Ist ein schwungvoller Mensch mit Unternehmungsgeist und Dynamik, verfügt über Elan und Pep; dynamische Sprechweise, schwungvolle, aktive Darstellungsweise	3
212	1 2 3 4 5	Der eigene Standpunkt wird auch gegenüber anderen - selbst höher gestellten – Menschen behauptet und verteidigt; bestimmte und eindeutige Meinungsäußerung	3
213	1 2 3 4 5	Kann Entfernungen exakt schätzen.	3,5
214	1 2 3 4 5	Hochgeistigen und komplizierten Gedankengängen kann man leicht folgen.	4
215	1 2 3 4 5	Kann geschickt mit Nadel und Faden umgehen.	3
216	1 2 3 4 5	Lebt sehr bewußt und erkennt deutlich die eigenen Motive und Beweggründe.	4
217	1 2 3 4 5	Einmal gesehene Formen - auch Gesichter – werden nicht vergessen.	4

218	1 2 3 4 5	Neue Informationen und Eindrücke werden umgehend verwertet	4,5
219	1 2 3 4 5	Verfügt über viel Geschick im Basteln .	2,5
220	1 2 3 4 5	Reagiert flexibel, wenn sich die Umstände ändern.	3,5
221	1 2 3 4 5	Flächenhafte Bilder (Fotos usw.) werden plastisch und räumlich gesehen und erlebt.	4
222	1 2 3 4 5	Geistig vielseitig und denkgewandt, kann sich im Denken schnell umstellen.	4
223	1 2 3 4 5	Hat ein ausgeprägtes Balancegefühl und stabile Gleichgewichtslage.	3
224	1 2 3 4 5	Auch wenn andere reden, kann man dabei geistig arbeiten.	4
225	1 2 3 4 5	Handelt immer wieder unüberlegt und unkritisch aus dem Augenblick heraus, reagiert impulsiv; impulsive, überschwengliche Äußerungsweise	2
226	1 2 3 4 5	Lebt und arbeitet mit Vorliebe nach einem festen Schema bzw. nach klaren Vorschriften; schematisch-eingeengte Äußerungsweise	2
227	1 2 3 4 5	Legt großen Wert auf Äußerlichkeiten und äußere Erscheinung (Kleidung, Auftreten usw.); schrille, schreiende und aufdringliche Stimmführung	2,5
228	1 2 3 4 5	Meidet den Kontakt mit anderen Menschen und dem Geschehen in der Welt, wo es möglich ist; äußerungsunwillig, schweigend und schweigsam.	2
229	1 2 3 4 5	Beziehungen zu anderen bleiben eher oberflächlich, berühren das eigene Gefühlsleben kaum; unstete, erregte und wechselhafte Sprechweise.	3,5
230	1 2 3 4 5	Die Einstellung gegenüber anderen ist subjektiv gefärbt und von persönlichen Wünschen mitbestimmt; sentimentale sprachliche Darstellungsweise.	2
231	1 2 3 4 5	Setzt sich im Leben hart und gewaltsam durch und gebraucht ständig die Ellenbogen; aggressive, spitze und verletzende Äußerungsweise.	1
232	1 2 3 4 5	Der Meinung anderer Menschen schließt man sich meistens an; nachgiebige, beeinflußbare und schlaffe Äußerungsweise.	2
233	1 2 3 4 5	Reagiert leicht überheblich und selbstgefällig, ist sehr stolz auf sich und seine Erfolge; hektische, überstürzte Sprechweise	3
234	1 2 3 4 5	Ist oft mißmutig und mißgelaunt, wirkt oftmals verdrossen und niedergeschlagen; mißmutige, verdrießliche, wenig offene und freie Äußerungsweise	3
235	1 2 3 4 5	Ist innerlich voller Unruhe und Unrast und kommt nicht zu mir zur Ruhe; heftige, hitzige und überstürzende Sprechweise	4
236	1 2 3 4 5	Hat feste Grundsätze und bleibt ihnen treu.., auch wenn damit andere verletzt werden und man sich selbst Schwierigkeiten einhandelt; monotone, träge und schwerfällige Sprechweise	3
237	1 2 3 4 5	Ab und zu lacht sie (er) über einen unanständigen Witz	4
238	1 2 3 4 5	Gewinnt viel lieber im Spiel als daß sie (er) verliert	4
239	1 2 3 4 5	Unter den Leuten, die sie (er) kennt, sind einige, die sie (er) nicht ausstehen kann	4
240	1 2 3 4 5	Lernt gerne bedeutende Menschen kennen, weil sie (er) sich dann auch wichtiger vorkommt	2

301	1 2 3 4 5	Praktisches und praktisches Handeln werden bevorzugt, man ist froh, wenn man praktisch Aufgaben lösen kann, anschauliche und alltägliche Darstellungsweise	2,5
302	1 2 3 4 5	Theoretisch und wissenschaftlich ist man außerordentlich interessiert- vor allem auch geisteswissenschaftlich -; begrifflich bestimmte und eher abstrakte Darstellungsweise	4,5
303	1 2 3 4 5	Es besteht ein ausgeprägtes Interesse am Geschehen in der Gemeinde und Nachbarschaft; aktive Gesprächsteilnahme	3
304	1 2 3 4 5	Feste und eindeutige Moral- und Wertvorstellungen sind vorhanden und werden in die Praxis umzusetzen versucht; korrekte, eindeutige und klare Äußerungsweise	2,5
305	1 2 3 4 5	Interesse für Literatur, Romane, aber auch Gedichte, Theater und Ähnliches; feinsinnige, einfühlsame Ausdrucksweise	2
306	1 2 3 4 5	Die eigene Familie bzw. der Partner (Partnerschaft) steht im Mittelpunkt des Interesses und des Handelns;	4
307	1 2 3 4 5	Interesse vor allem an technischen Einrichtungen und Vorgängen; angreifende Darstellungsweise, bestimmte Äußerungsweise	4
308	1 2 3 4 5	Freude, andere zu pflegen, zu hegen, zu schützen und zu umsorgen, zuhörende und aufnehmende Gesprächshaltung	2
309	1 2 3 4 5	Großes Interesse für die Kunst, künstlerisches Tun und Schaffen, globale Darstellungsweise, Darstellung in Umrissen und Grundzügen.	2
310	1 2 3 4 5	Arbeit mit Zahlen wird bevorzugt, Erfolgserlebnisse, wenn etwas in Zahlen auszudrücken ist; besonnene, abwägende und ordnende Ausdrucksweise	4
311	1 2 3 4 5	Am Zukünftigen, an dem, was die Zukunft bringt und bringen könnte, besonders interessiert; .	4
312	1 2 3 4 5	Geld und materieller Besitz sind wichtig und interessant; eindeutige und beharrende Ausdrucksweise.	4
313	1 2 3 4 5	Hat ein gutes Augenmaß, um Längen und Abstände richtig einzuschätzen.	4
314	1 2 3 4 5	Kann bei geistigen Aufgaben immer schnell Wesentliches von Unwesentlichem unterscheiden.	4
315	1 2 3 4 5	Ist bei feinen Handarbeiten geschickt.	3
316	1 2 3 4 5	Schließt im Leben und im Beruf keinerlei Kompromisse.	3
317	1 2 3 4 5	Kann zerrissene Papierblätter leicht richtig zusammenfügen.	4
318	1 2 3 4 5	Fallen bei geistigen Aufgaben stets weit vom Thema liegende Inhalte ein, die oft zur Lösung beitragen	4
319	1 2 3 4 5	Verfügt über Handgeschick.	3
320	1 2 3 4 5	Erfaßt auch Rand- und Nebeneindrücke vollständig.	3,5
321	1 2 3 4 5	Kann sich auch nur einmal gesehene Räume später gut vorstellen.	3
322	1 2 3 4 5	Löst geistige Aufgaben oft in unüblicher Weise erfolgreich, insbesondere bei praktischen Aufgaben kommt ihr (ihm) das zugute	4
323	1 2 3 4 5	Die Körperbewegungen sind geschmeidig.	2

324	1 2 3 4 5	Kann sich stunden- oder gar tagelang mit einer Sache beschäftigen.	4
325	1 2 3 4 5	Man ist ein ausgesprochener Genußmensch; primitive, undifferenzierte und unkritische Äußerungs- und Ausdrucksweise.	2
326	1 2 3 4 5	Praktische und alltägliche Arbeiten, z.B. Renovierungen wie Streichen, Tapezieren usw., werden strikt abgelehnt; esoterisch-irreale, welt- und praxisferne Darstellungsweise	3,5
327	1 2 3 4 5	Möchte gern öffentlich geehrt, belobigt und ausgezeichnet werden, affektierte, gespreizte Äußerungsweise.	3
328	1 2 3 4 5	„Andersgläubigen" (Religion, Weltanschauung, Partei, usw.) wird mit Mißtrauen und besonderer Vorsicht begegnet; ichbezogene, egozentrische und prinzipienhafte Darstellungsweise	3,5
329	1 2 3 4 5	Liebesromane und „leichte" Literatur werden bevorzugt und verschlungen; schwärmerisches, „luftiges" Gerede	2
330	1 2 3 4 5	Liebt nur sich selbst und interessiert sich in erster Linie für sich selbst, seine Wünsche und Vorstellungen; subjektive Äußerungsweise und unkritische Gefühlsurteile.	2
331	1 2 3 4 5	Waffen und Waffentechnik, Kriege und Schlachten stehen im Mittelpunkt des eigenen Interesses; spitze, ironische bis sarkastische Äußerungs- und Darstellungsweise.	1
332	1 2 3 4 5	Technischen Aufgaben und Fragen wird aus dem Wege gegangen; unbestimmte, verwaschene und unscharfe Darstellungs- und Sprechweise.	2
333	1 2 3 4 5	Nüchterne und sachliche Möbel im Bürostil werden grundsätzlich abgelehnt; flüchtige, oberflächliche und effekthascherische Darstellungsweise.	2
334	1 2 3 4 5	Es muß sich alles berechnen oder doch in Zahlen ausdrücken lassen, damit man sich wohl fühlen kann und zufrieden ist; übervorsichtige, pedantische und in Kleinigkeiten mündende Darstellungsweise.	4
335	1 2 3 4 5	Meidet alles Gewohnte und Übliche, alles, was m a n tut; unruhige, sprunghafte Äußerungs- und Darstellungsweise .	2
336	1 2 3 4 5	Fremdes und Neuartiges stören die eigenen Kreise und das eigene Wohlbefinden; sture Meinungsbehauptung auf der Basis des Gewohnten und Überlieferten.	2
337	1 2 3 4 5	Ab und zu fallen ihr (ihm) Gedanken ein, die andere Leute nicht wissen dürfen	4
338	1 2 3 4 5	Spricht manchmal über Dinge, von denen sie (er) nichts versteht	2
339	1 2 3 4 5	Schiebt manchmal etwas auf, was sofort getan werden sollte	3
340	1 2 3 4 5	Nimmt es mit der Wahrheit nicht immer ganz genau	2
401	1 2 3 4 5	An Sex und sexueller Betätigung besteht großes Interesse	4
402	1 2 3 4 5	Möchte möglichst alle neuen wissenschaftlichen Erkenntnisse erfahren.	4
403	1 2 3 4 5	Braucht Feste und Feierlichkeiten, um sich wohlzufühlen.	2
404	1 2 3 4 5	Weltanschauung, Glaube und Wertvorstellungen sind klar und eindeutig, aber keineswegs fundamentalistisch und intolerant.	4

405	1 2 3 4 5	Für pädagogische (Erziehungs-) Fragen und Probleme besteht besonderes Interesse	4
406	1 2 3 4 5	Sucht im Leben eine dauerhafte, gleichberechtigte menschliche Partnerschaft.	4
407	1 2 3 4 5	Trachtet im Leben und im Beruf danach, an die Spitze zu gelangen – auch fachlich -, möchte Führungsaufgaben übernehmen und die Vorgänge lenken	4
408	1 2 3 4 5	Interessiert sich besonders für soziale Fragen und Probleme.	3
409	1 2 3 4 5	Hat großes Interesse an Musik.	2
410	1 2 3 4 5	Arbeitet gern in der Verwaltung und im Büro.	3
411	1 2 3 4 5	Interessiert sich für fremde Länder und Völker und geht aktiv auf Fremde zu.	4
412	1 2 3 4 5	Hält sich vielfach an die Tradition, an das, was m a n in ihren (seinen) Kreisen tut, ohne sich sklavisch daran zu klammern	2
413	1 2 3 4 5	Fertigt auch ohne genauen Plan Handarbeiten sicher an.	4
414	1 2 3 4 5	Versteht schwierige und komplizierte Aufgabenstellungen stets sofort.	3,5
415	1 2 3 4 5	Kann feinmechanische Arbeiten sicher erledigen.	3,5
416	1 2 3 4 5	Setzt sich gegenüber anderen energisch durch.	3
417	1 2 3 4 5	Kann Formenunterschiede exakt unterscheiden.	3,5
418	1 2 3 4 5	Kann Neues leicht und schnell erlernen.	4
419	1 2 3 4 5	Ist handwerklich begabt.	2
420	1 2 3 4 5	Kann mehrere zugleich stattfindende Vorgänge vollständig verfolgen.	4
421	1 2 3 4 5	Kann technische Zeichnungen gut lesen und sich die dargestellten Geräte vorstellen.	3
422	1 2 3 4 5	Betrachtet anfallende Denkaufgaben von verschiedenen Seiten zugleich, so daß sie (er) sich selten verrennt.	4
423	1 2 3 4 5	Reißt nie mit einer Hand wieder ein, was sie (er) mit der anderen aufgebaut hat	2
424	1 2 3 4 5	Läßt sich bei der Arbeit nicht ablenken.	3,5
425	1 2 3 4 5	Eingriffe in die Natur durch den Menschen werden strikt abgelehnt.	2
426	1 2 3 4 5	Mag Haus- und Gartenarbeit nicht und versucht, sie stets zu vermeiden und zu umgehen.	3
427	1 2 3 4 5	Würde gerne im Fernsehen auftreten oder auf der Bühne stehen.	2,5
428	1 2 3 4 5	Unterscheidet zwischen "Gut und Böse" auch in Kleinigkeiten genauestens.	2
429	1 2 3 4 5	Versucht, im Leben, alles historisch (geschichtlich) zu sehen und zu deuten.	1
430	1 2 3 4 5	Nur die eigenen persönlichen Gefühle sind wichtig.	2
431	1 2 3 4 5	Zerstört gerne, was andere aufgebaut haben, interessiert sich für Mittel und Werkzeuge zur Zerstörung und zum Abriß des Bestehenden	2
432	1 2 3 4 5	Verwöhnt andere Menschen gern und wo es nur möglich ist, und das auch gegen ihren Willen.	3
433	1 2 3 4 5	Nützlichkeitsdenken wird strikt abgelehnt.	3
434	1 2 3 4 5	Liebt Formulare und strenge Ordnungen bis ins Kleinste.	3
435	1 2 3 4 5	Muß jede Neuheit haben, die auf den Markt kommt.	2

436	1 2 3 4 5	Richtet den eigenen Lebensstil an dem der Eltern aus, versucht, so wie sie zu leben.	2
437	1 2 3 4 5	Hat mitunter Geldsorgen	1
438	1 2 3 4 5	Erzählt ab und zu gern eine kleine Lüge	2
439	1 2 3 4 5	klatscht bzw. tratscht manchmal über andere	3
440	1 2 3 4 5	Die Tischmanieren sind zu Hause weniger gepflegt als in Gesellschaft	4

Daraus folgt mit Hilfe des Auswertungsprogramms:

	real	imag	| |		real	imag		real	imag	| |			
Pv	6,1	5,1	5,9	Sbgv	-0,4	-0,7	Egv	0,2	-0,5	vlv	7,0	VyV	53,5
Rv	6,5	5,8	6,4							dkv	6,8	lyV	60,5
Uv	4,8	4,8	5,2	Sägv	-0,7	0,2				ffv	5,5	FyV	41,9
Üv	5,5	4,6	5,4							wev	5,3	WyV	50,7
Kv	6,0	4,9	5,8	Gegv	-1,3	-0,7	Mnv	-0,5	0,6	vpv	6,5	TyV	51,2
Bv	7,3	5,6	6,7							dpv	7,3		
Gv	4,9	2,9	4,5	Gbgv	-0,3	-1,8				fhv	4,3		
Sv	5,2	4,7	5,3							wmv	6,3		
Ev	5,2	4,9	5,4	Wegv	-1,7	-1,6	Wtv	-0,4	-0,4	vkv	6,0		
Ov	6,9	6,5	6,9							dev	7,3		
Fv	5,0	4,2	5,0	Wbgv	-0,9	-0,9				fkv	4,0		
Tv	5,9	5,1	5,8							wkv	7,0		
Inv	5,8	4,9	5,7	Ingv	1,2		INV	-0,2	-0,1		Lü	51,4	

und im Vergleich mit den gleichen Anforderungen wie bei der Bewerberbefragung folgt dann das nachstehende Ergebnis, bei dem die Eignungswerte mit Ausnahme im +S-Bereich leicht erhöht sind, der Gesamtarbeitsstil allerdings etwas niedriger liegt. Wiederum aber scheint der Bewerber zumindest von seiner Arbeitsverhaltensperson her recht gute Voraussetzungen für die infrage stehende Aufgabe mitzubringen. Das umso mehr als die Abweichungsquadrate nirgends höher als 6,0 sind, so daß die Abweichungen selbst <± 2,5 bleiben, und das im allgemeinen mit Ist> Soll. Es könnte also, wenn auch mit nicht sehr großer Wahrscheinlichkeit zu einem Gefühl des Unausgelastetseins kommen. Aber sehen wir uns nun den sprachlichen Befund zu diesem Ergebnis an:

+	Soll	Ist	D^2 i		Soll	Ist	D^2		Soll	Ist	D^2
Pv	5,4	6,1	0,5	Pv	3,8	5,1	1,7	vlv	5,2	7,0	3,2
Rv	7,7	6,5	1,4	Rv	6,1	5,8	0,1	dkv	8,1	6,8	1,7
Uv	5,7	4,8	0,8	Uv	4,5	4,8	0,1	ffv	6,6	5,5	1,2
Üv	5,2	5,5	0,1	Üv	4,7	4,6	0,0	wev	4,5	5,3	0,6
Kv	5,7	6,0	0,1	Kv	4,2	4,9	0,5	vpv	5,4	6,5	1,2
Bv	6,6	7,3	0,5	Bv	5	5,6	0,4	dpv	6,6	7,3	0,5
Gv	4,8	4,9	0,0	Gv	3,2	2,9	0,1	fhv	4,0	4,3	0,1
Sv	5,3	5,2	0,0	Sv	3,8	4,7	0,8	wmv	5,8	6,3	0,3
Ev	4,8	5,2	0,2	Ev	3,3	4,9	2,6	vkv	3,7	6,0	5,3
Ov	7,2	6,9	0,1	Ov	6,6	6,5	0,0	dev	7,7	7,3	0,2
Fv	5,3	5,0	0,1	Fv	4,3	4,2	0,0	fkv	5,2	4,0	1,4
Tv	5,7	5,9	0,0	Tv	4,9	5,1	0,0	wkv	7,3	7,0	0,1
	S	S/12	0,3		S/12	S/12	0,5%	T		S/12	1,3
						Beg.%	85,7				
						+S%	89,0				
						+iS%	85,9				
						ges%	86,9				

Verhaltenspersonkurzbefund (DVk)

Name	N.N.
Alter	56 Jahre
Vorbildung	Abitur
Beruf	Psychologe
Zweck der Untersuchung	Eignung zum Teamleiter Entwicklung
Untersuchungsmaterial	Vorstellungsgespräch
Prüfverfahren	DCk_DAE

Die Auswertung des Untersuchungsmaterials vermittelt den Anschein einer *eher ausgeglichenen* Person mit *leicht uneindeutigen* Zügen. Soweit es den direkten Umgang mit sich und der Welt, angeht, zeigt sie einen *aus-*

geglichenen und leicht gespannten Verhaltensstil. Dahinter steht eine *ausgewogene und eher nüchterne* Art, das Geschehen zu erleben und sich selbst zu bestimmen. Dieses wird durch *eher emotionale und impulsive* Impulse und eine *besonnene und verengte* Haltung beeinflußt. Diese Art der Einstellung ist bei ihm mit *ausgesprochen verhaltender und relativierender* Lebens- und Aktionsweise gegenüber der Welt im allgemeinen und der Gesellschaft als Institution verbunden. Dazu tragen eine *ansatzweise und eher unbeteiligte* Handlungsweise gegenüber der Umwelt und *bedingt bestimmte und ansatzweise illiberale* Züge als Begrenzer bei.

In sozialer Hinsicht, also in der Beziehung zu Menschen und Menschlichem stößt man bei diesem Menschen auf einen zunächst *eher ausgeglichen und recht uneindeutig* wirkenden Stil des Verhaltens, dem eine *verständige und eher beeinflußbare* Einstellung zugrunde liegen könnte. So erfährt er dann die anderen Menschen und sich in der sozialen und kommunikativen Situation. Dementsprechend zeigt er eine *eher kulturgebundene und veräußerlichte* Ansprechbarkeit und einen *ausgesprochen beteiligten und sehr romantischen* Beziehungsstil. Sobald es um die Auseinandersetzung mit der sozialen Umwelt - nicht nur um die innere - geht, stößt man bei ihm auf *fortführende und ausgesprochen folgsame* Züge und *ausgesprochen kooperative und eher zaghafte* Gestaltungstendenzen sowie *ausgesprochen ansprechbare und sensitive* Hingabe an andere und anderes.

Im Umgang mit den Dingen, Problemen und Aufgaben des Lebens und des Berufs zeigt er eine zunächst *eher ausgeglichen und leicht uneindeutig* wirkende Umgangsweise. Dabei erfaßt er die auf ihn zukommenden Eindrücke *eher gegliedert und eher registrierend.* Die damit eng verbundene allgemeine Lebensauffassung erscheint *eher sicher und unbestimmt.* Das, was er aufgrund dieser Einstellung erfaßt hat, wird er *umfassend und eher katalogisierend* verarbeiten. Der Umgang mit den Situationen, Dingen, Aufgaben und Problemen wird im allgemeinen von einem *regen und ungleichmäßigen* Handlungsstil geleitet, hinter dem einerseits Züge von *einiger Rührigkeit und wenig Interesse* und andererseits solche von *erhöhtem Gleichmaß und Unbestimmtheit* wirksam werden.

Dabei bringt er eine *ausgeprägte* Denkweise mit. Die *deutlich* ausgeprägte Willensbetätigung steht wie die anderen Begabungen im Dienste der Persönlichkeit. Insgesamt gesehen entwickelt er an integrierenden, d.h. verarbeitenden Begabungen *eine straffe horizontweite* Willenshaltung und *ein vielseitiges vernetztes* Denken. Bei *ansatzweise bestimmter* Entscheidungsweise kann er das Wesentliche geistiger Probleme *deutlich* erkennen, d.h. zugleich analytisch denken. Auf dieser Grundlage entwickelt er eine *sichere* Urteilsweise. Auf die Vielfalt der Eindrücke spricht er *leicht beschleunigt* an. Innere, aber auch äußere Informationen nimmt er geistig *annähernd umfassend* auf, um sie im Zuge der Informationsverarbeitung zu nutzen. Das ist die Grundlage für eine *flexible* Lernweise und Informationsverarbeitung. Da er zudem über die Fähigkeit verfügt, sich *recht gut* zu konzentrieren und seine Gedanken und Denkinhalte *vielseitig* miteinander zu verknüpfen, steht ihm eine *gezielte* Kombinationsweise zur Bewältigung praktischer Probleme zur Verfügung.

Auf Seiten der assimilierenden, gestaltenden Begabungen finden sich *höhere* Vorstellungs- und *mittlere* Fertigungsfähigkeiten. Das *größere* lineare Vorstellvermögen als Basis der Distanzeneinschätzung verbindet sich mit *eher mittlerem* Fingergeschick zu *genauem* Feingeschick. Von der Handfertigkeit her erweist er sich als eher *mäßig* ausgebildet, und das bei *gut durchschnittlichem* Formvorstellungsvermögen, so daß damit zu rechnen ist, daß er handwerklich *gerichtet* arbeiten wird. Infolge der *durchschnittlich* ausgebildeten räumlichen Vorstellfähigkeit und *ausgesprochen mäßiger* Bewegungskoordination kann im allgemeinen mit einer *gerichteten* Ausführungsweise bei Gestaltungsprozessen gerechnet werden.

Dementsprechend liegen seine Einsatzschwerpunkte in:

Pv *Tätigkeiten, die emotionales Handeln und Reagieren sowie unmittelbare natürliche Beteiligung am Geschehen verlangen, anschauungsgebundene Arbeitsweise, emotionales Engagement an dem Tun, unmittelbares Handeln, lebendiges Reagieren. Praktische Inhalte, Anschauliches, Körperliches, Land- und Forstwirtschaft, Organisches, Biologisches, Nahrungs- und Genußmittel, sinnliche Inhalte,*

Rv** **Tätigkeiten, die Ichsteuerung, bewußte, überlegte und kontrollierte Handlungen verlangen, die mehr kritischer und prüfender disziplinierter Haltung bedürfen, Planungs-, Prüfungs- und Kontrollfunktionen, selbstdisziplinierte Haltung, schematische und formalisierte Arbeiten. Ideen, Geistiges, Wissenschaft, Philosophie, Erkenntnislehre, Gedankliches, Abstraktes, Theoretisches, Ätherisches, Esoterik, Spekulatives, Neugier-Weckendes, Intellektualistisches

Bv Tätigkeiten, die Individualität und Eigenständigkeit von innen heraus in sozialen Bezügen verlangen, bei denen ein innerliches Engagement für andere Menschen verlangt wird. Tätigkeiten in enger Teambeziehung, Arbeiten mit festen sozialen Bindungen, die wenig wechseln, gefühls- und gemütsbezogene Arbeiten, personenbezogene Beratungs- und pädagogisch-führende Tätigkeiten, Arbeiten, Individuation, Selbstgestaltung, Selbstverwirklichung, Partnerschaft, , Psychologie, Individualtherapie,

Ov Tätigkeiten, bei denen es auf eine systematische und formale innere Verarbeitung der Qualitäten ankommt. Arbeit in kleinen Schritten, Fein- und Ordnungsarbeiten, Präzisionsarbeiten, Innendienst, Büroarbeit, Bearbeitung von Kleinigkeiten, besinnliche und ernste Arbeitshaltung mit Vorliebe zum Abwägen erforderlich. Verwaltung, Organisation, Logistik, Ordnung, Zahlen, Gliederung, Systematik, Formales, Informatik, EDV, Ordnungsvorschriften

iOv einzelheitliche Arbeitsweise, Umgang mit Kleindetails, Fieselarbeit, Zählarbeit, bürokratische Arbeiten, Schemata, Registratur, Listenführung

ORIENTIERUNGSWEISE[7]

Seiner Verhaltensstruktur entsprechend benötigt der Beurteilte zur erfolgreichen Orientierung im Leben und zu effektiven Lernen möglichst *emotionale und kritische* Situationen. Passend wäre dazu eine *ungezwungene und indirekte* Umgebung, wobei *begeisternde* soziale Beziehungen mit *engagierten* Bindungen die Effektivität seiner Orientierung und seines Lernens unterstützen könnten. Die Aufgaben sollten *zögernde und verstehende* Reaktionsweisen erfordern. Dabei sollte die Darbietung aufzunehmender Inhalte *lebhaft und katalogisierend* erfolgen. *Regsamkeit und Verfestigung* sollten den Lehrprozeß bestimmen.

ARBEITSSTIL UND EINSATZBEREICH

[7]ab hier stehen die Codes für Kombinationstermini aus angemessenen und unangemessenen Werten

Der persönliche Arbeitsstil bestimmt den günstigsten Tätigkeitsbereich. Daher wird das Wirken des Beurteilten am effektivsten sein, wenn die jeweiligen Aufgaben emotionale und kritische Einstellungen verlangen. Es werden ihm Aufgaben besonders liegen, die *ungezwungene und indirekte* Umweltsituationen bieten, die zudem *begeisternde* soziale Umstände mit *enegagierten* inneren Beziehungen zu anderen Menschen aufweisen. Arbeiten, die eine *zögernde und verstehende* Reaktionsweise voraussetzen, bieten ihm gute Entfaltungsmöglichkeiten. Dabei sind Tätigkeiten zu bevorzugen, bei denen die Situationen *lebhaft* erfaßt und *katalogisierend* bearbeitet werden müssen. Der Aufgabenbereich sollte dazu *Regsamkeit und Verfestigung* in der Einsatzweise verlangen.

ZUSAMMENFASSUNG:

Aufgrund der Analyse ergibt sich hinsichtlich der geprüften Faktoren bezogen auf die entsprechenden Anforderungen der vorgesehenen Position eine Übereinstimmung von

+System: 89,0%

+iSystem: 85,9%

Begabungen: 85,7%

also

Gesamteignung: 86,9% (geeignet)

Anhand eines derartigen Befundes fällt es dann im allgemeinen leichter, die richtige Entscheidung zu fällen. Auch dabei sollte man aber nie vergessen, daß wir es hier mit einer Prognose zu tun haben, die der Kontrolle und Überprüfung bedarf.

Ausblick

Es war mein Anliegen, insbesondere auch für kleine und mittlere Unternehmen Verfahren zu einer vollständigeren und fundierteren Personalauswahl zu schaffen. Dazu habe ich vorstehend die Grundlagen und Hilfsmittel dargestellt, um dann abschließend an einem Beispiel die Möglichkeiten in der Praxis aufzuzeigen. Die Arbeitsmittel, die man in der Praxis dazu benötigt, findet der Leser auf beigefügter Diskette, und zwar die Analyseprogramme im pdf-Format, bereit zum Ausdruck, das Auswertungsprogramm in seiner ursprünglichen OpenOffice org 1.01 Fassung und auch noch in Excel 95 und Sylk.

Die erforderlichen Textprogramme finden sich dort ebenfalls in OpenOffice org 1.01 und in RTF-Version, so daß sie auf einem großen Teil aller Rechner laufen dürften. Damit der Leser die sprachlichen Befunde erstellen kann, findet er im Anhang dann noch die erforderlichen Terminitabellen. Ich hoffe, daß ich damit den Erwartungen der vielen Personalfachleute gerecht geworden bin, möchte aber bei dieser Gelegenheit zugleich auf eine differenziertere Methode hinweisen, wie ich sie in *Verhaltensbeurteilungspraktikum* beschrieben habe. Die Terminitabellen zu diesem Verfahren finden sich im Anschluß an das Literaturverzeichnis.

Literaturverzeichnis

Aiken, L.R.	Assessment of Intellectual Functioning, Newton, Massechusetts, 1987
Allport:,G.W.	Persönlichkeit, Stuttgart 1949
Anschütz, H.	Kybernetik, 4. Aufl. Würzburg 1979
Arnold,W.	Person, Charakter, Persönlichkeit, Göttingen 1957
Arnold/ Eysenck/ Meili	Lexikon der Psychologie, Freiburg 1987
Aschoff, C.	Betriebliches Humanvermögen, Wiesbaden 1978
Bartel,H.	Statistik I und II, 2. Aufl. Stuttgart-New-York
Berg,J. van den	Grundriß der Psychiatrie, 3. Aufl. Stuttgart
Bettelheim, B.	Die Geburt des Selbst, Frankfurt 1984
Bettelheim, B.	So können sie nicht leben, Stuttgart 1973
Bornemann/Affeld	Betriebspsychologie, Wiesbaden 1967
Cattell, R.B.	Personality, 1950
Cattell, R.B.	Die empirische Erforschung der Persönlichkeit, 2. Aufl. Weinheim
Dirks, H.	Psychologische Faktoren der Berufsarbeit, Göttingen 1957
Dummer(Hrsg.)	Personal- Enzyklopädie, Bd. 1-3, München 1977ff
Eibl-Eibesfeld, I.	Die Biologie des menschlichen Verhaltens (Sonderausgabe der 3. Aufl. Weyarn 1997)
Eibl-Eibesfeld, I.	Der vorprogrammierte Mensch, 4. Aufl. München 1982
Eysenck:, H.J.	The structure of human personality, 1953
Goossens ,F.	Personalleiter-Handbuch 7. Aufl., München 1981
Graf Hoyos, C.	Arbeitspsychologie, Stuttgart 1974
Guilford	Persönlichkeit, 2./3. Aufl. Weinheim 1965
Hardenacke/Peetz/Wichardt:	Arbeitswissenschaft, München 1985
Heiß, R.	Die Lehre vom Charakter, 1949
Hentze, J.	Personalwirtschaftslehre Bd. 1 und 2, Bern-Stuttgart 1977
Hofstätter, P.R.	Psychologie (Fischer-Lexikon) Ausgabe Frankfurt 1975
Klaus, G. (Hrsg.)	Wörterbuch der Kybernetik, 2 Bände, Frankfurt 1969

Krech/Crutschfield	Grundlagen der Psychologie, 2 Bände 1970
Miller, A.	Am Anfang war Erziehung, Frankfurt 1980
Olfert/Steinbuch	Personalwirtschaft, 5. Aufl. 1993
Panse/Müller/Schulz	Personalwirtschaftslehre, Bad-Homburg 1980
Penrose, R.	Computerdenken, Spektrum-Heidelberg, ohne Jahreszahl
Pervin, L.A.	Persönlichkeitstheorien, München-Basel 1993
Prigogine u. Stengers	Dialog mit der Natur, München 1980
Rohracher, H.	Einführung in die Psychologie, 5. Aufl.
Skiba, R.	Taschenbuch der Arbeitssicherheit, 2. Aufl. Bielefeld 1975
Sternberg, R.J.	"Erfolgsintelligenz" in Psychologie heute, März 1998 S.21ff als Buch bei Droemer, Kindler
Vester, F.	Denken, Lernen, Vergessen, 10. Aufl. München 1983
Vester, F.	Neuland des Denkens, München 1984
Waszkewitz, B	Psychologie der Persönlichkeit, ibidem-Verlag, Stuttgart 2003
Waszkewitz, B.	Mensch, Gesellschaft und Beruf, ibidem-Verlag, Stuttgart 2001
Waszkewitz, B.	UP TO DATE 2002, ibidem-Verlag, Stuttgart 2002
Waszkewitz, B.	Verhaltensbeurteilungspraktiukm, ibidem-Verlag, Stuttgart 2003
Wottawa, H.	Der „gläserne" Mitarbeiter; in W.E. Feix: Personal 2000, Frankfurt-Wiesbaden 1991
Zimbardo, Ph.G.	Psychologie, 6 Aufl. Berlin... 1995

Terminikurztabellen

Basistabellen

Im allgemeinen steht erst der Code für die Individualinstanz, dann in Klammern eine sprachliche Übersetzung, dann der Code für die Sozialstruktur, dahinter jener für Umweltsysteme, anschließend für die Verhaltenperson.[8]

IN (Allgemeineindruck), INW, INX, INV

Wert	Realwertbedeutungen	Imaginärwertbedeutungen
>+6,0	stark expansiv	in besonderem Maße außengelenkt
5,6 bis 6,0	expansiv	ausgesprochen außengelenkt
5,1, bis 5,5	mäßig expansiv	außengelenkt
4,6 bis 5,0	ausgesprochen extravertiert	stark umweltabhängig
4,1 bis 4,5	extravertiert	umweltabhängig
3,6 bis 4,0	mäßig extravertiert	eher umweltabhängig
3,1 bis 3,5	ausgesprochen weltzugewandt	sehr unbestimmt
2,6 bis 3,0	weltzugewandt	unbestimmt
2,1 bis 2,5	mäßig weltzugewandt	eher unbestimmt
1,6 bis 2,0	sehr offen	ungezwungen
1,1 bis 1,5	offen	eher ungezwungen
0,6 bis 1,0	mäßig offen	recht uneindeutig
0,0 bis 0,5	ausgeglichen	uneindeutig
-0,0 bis –0,5	eher ausgeglichen	leicht uneindeutig
-0,6 bis –1,0	mäßig gedämpft	leicht übersteuert
-1,1 bis –1,5	gedämpft	eher übersteuert
-1,6 bis –2,0	stark gedämpft	leicht unfrei
-2,1 bis –2,5	mäßig gesteuert	unfrei
-2,6 bis –3,0	gesteuert	recht unfrei
-3,1 bis –3,5	straff gesteuert	leicht verspannt
-3,6 bis –4,0	eher innengelenkt	verspannt
-4,1 bis –4,5	innengelenkt	deutlich verspannt
-4,6 bis –5,0	stark innengelenkt	eher gezwungen
-5,1 bix –5,5	eher in sich gekehrt	gezwungen
-5,6 bis –6,0	in sich gekehrt	leicht verkrampft
<-6,0	ausgesprochen in sich gekehrt	verkrampft

[8] Die grammtikalischen Formen sind dem jeweiligen Textprogramm anzupassen, die es auch für die Sozialstruktur und die allgemeine Umweltstruktur gibt.

Eg (Form, Stil des Selbst), Egw, Egx, Egv

Wert	Realwertbedeutungen	Imaginärwertbedeutungen
> +6,0	stark assimilierende	verwahrloste
5,6 bis 6,0	assimilierende	abhängige
5,1, bis 5,5	eher assimilierende	undisziplinierte
4,6 bis 5,0	besonders impulsstarke	unbeherrschte
4,1 bis 4,5	impulsstarke	ungesteuerte
3,6 bis 4,0	eher impulsstarke	außengelenkte
3,1 bis 3,5	sehr lebendige	unbesonnene
2,6 bis 3,0	lebendige	zwanglose
2,1 bis 2,5	eher lebendige	unbestimmte
1,6 bis 2,0	nicht unlebendige	vage
1,1 bis 1,5	bedingt ausgewogene	eher uneindeutige
0,6 bis 1,0	ausgewogene	uneindeutige
0,0 bis 0,5	ausgeglichene	ziemlich uneindeutige
-0,0 bis –0,5	eher gedämpfte	leicht gespannte
-0,6 bis –1,0	gedämpfte	gespannte
-1,1 bis –1,5	deutlich gedämpfte	recht gespannte
-1,6 bis –2,0	eher gezügelte	stark gespannte
-2,1 bis –2,5	gezügelte	leicht übersteuerte
-2,6 bis –3,0	straff gezügelte	übersteuerte
-3,1 bis –3,5	eher kontrollierte	stark übersteuerte
-3,6 bis –4,0	kontrollierte	gezwungene
-4,1 bis –4,5	stark kontrollierte	verregelte
-4,6 bis –5,0	eher disziplinierte	versteifte
-5,1 bis –5,5	disziplinierte	unfreie
-5,6 bis –6,0	streng disziplinierte	verklemmte
< -6,0	überdisziplinierte	verkrampfte

Sbg (Erlebnisstil), Sbgw, Sbgx, Sbgv

Wert	Realwertbedeutungen	Imaginärwertbedeutungen
> +6,0	ausgeprägt ursprünglichen	übertrieben irrationalen
5,6 bis 6,0	ursprünglichen	stark irrationalen
5,1, bis 5,5	eher ursprünglichen	irrationalen
4,6 bis 5,0	sehr lebensnahen	wenig nachdenklichen
4,1 bis 4,5	lebensnahen	ausgesprochen augenblickshaften
3,6 bis 4,0	bedingt lebensnahen	augenblickshaften
3,1 bis 3,5	ausgesprochen praktischen	eher augenblicksbestimmten
2,6 bis 3,0	praktischen	eindrucksabhängigen
2,1 bis 2,5	eher praktischen	eher eindrucksabhängigen
1,6 bis 2,0	stark anschauungsbestimmten	stark eindrucksbestimmten
1,1 bis 1,5	anschauungsbestimmten	eindruckshaften
0,6 bis 1,0	eher anschauungsbestimmten	eher eindrucksbestimmten
0,0 bis 0,5	ausgeglichenen	uneindeutigen
-0,0 bis –0,5	ausgewogenen	unbestimmten
-0,6 bis –1,0	eher gesteuerten	eher nüchternen
-1,1 bis –1,5	gesteuerten	nüchternen
-1,6 bis –2,0	straff gesteuerten	sehr nüchternen
-2,1 bis –2,5	eher überlegten	eher lebensfernen
-2,6 bis –3,0	überlegten	lebensfernen
-3,1 bis –3,5	sehr überlegten	ausgesprochen lebensfernen
-3,6 bis –4,0	eher kritischen	eher rationalistischen
-4,1 bis –4,5	kritischen	rationalistischen
-4,6 bis –5,0	sehr kritischen	stark rationalistischen
-5,1 bis –5,5	eher formalen	eher formalistischen
-5,6 bis –6,0	formalen	formalistischen
< -6,0	besonders formalen	besonders formalistischen

Pp (Es, Primitivperson), Pw, Px, Pv

Wert	Realwertbedeutungen	Imaginärwertbedeutungen
0,0 bis 0,5	suchtfreies	trockenes
0,6 bis 1,0	genußunabhängiges	emotionsloses
1,1 bis 1,5	eher genußfernes	eher emotionsloses
1,6 bis 2,0	ausgesprochen nüchternes	intentional gehemmtes
2,1 bis 2,5	nüchternes	ausgesprochen eruptionsarmes
2,6 bis 3,0	betont eindrucksunabhängiges	eruptionsarmes
3,1 bis 3,5	unabhängiges	eher eruptionsarmes
3,6 bis 4,0	unauffälliges	eher alltägliches
4,1 bis 4,5	anregbares	alltägliches
4,6 bis 5,0	leicht naturnahes	leicht impulsives
5,1 bis 5,5	naturnahes	impulsives
5,6 bis 6,0	sehr naturnahes	ausgesprochen impulsives
6,1 bis 6,5	eher emotionales	leicht irrationales
6,6 bis 7,0	emotionales	irrationales
7,1 bis 7,5	ausgeprägt emotionales	ausgesprochen irrationales
7,6 bis 8,0	eher sinnenhaftes	triebhaftes
8,1 bis 8,5	sinnenhaftes	ausgesprochen triebhaftes
8,6 bis 9,0	ausgeprägt sinnenhaftes	suchthaftes
>9,0i	----------	süchtiges

Rp (Ich, Ichperson), Rw, Rx, Rv

Wert	Realwertbedeutungen	Imaginärwertbedeutungen
0,0 bis 0,5	ausgesprochen lässiges	ausgesprochen verwahrlostes
0,6 bis 1,0	lässiges	verwahrlostes
1,1 bis 1,5	eher lässiges	eher verwahrlostes
1,6 bis 2,0	sehr einfaches	ausgesprochen nachlässiges
2,1 bis 2,5	ungezwungenes	nachlässiges
2,6 bis 3,0	eher ungezwungenes	eher nachlässiges
3,1 bis 3,5	gelöstes	stark naives
3,6 bis 4,0	lockeres	naives
4,1 bis 4,5	verhaltenes	eher naives
4,6 bis 5,0	gesteuertes	gespanntes
5,1 bis 5,5	überlegendes	verspanntes
5,6 bis 6,0	erkennendes	verengtes
6,1 bis 6,5	besonnenes	verregeltes
6,6 bis 7,0	prüfendes	schematisches
7,1 bis 7,5	kritisches	lebensfremdes
7,6 bis 8,0	intellektuelles	rationalistisches
8,1 bis 8,5	theoretisches	intellektualistisches
8,6 bis 9,0	vergeistigtes	formalistisches
>9,0i	----------	überwertig formalistisches

Säg (Weltbegegnungsstil), Sägw, Sägx, Sägv

Wert	Realwertbedeutungen	Imaginärwertbedeutungen
>+6,0	besonders weltzugewandter	besonders umweltabhängiger
5,6 bis 6,0	weltzugewandter	umweltabhängiger
5,1, bis 5,5	eher weltzugewandter	eher umweltabhängiger
4,6 bis 5,0	ausgeprägt kommunikativer	ausgesprochen darstellerischer
4,1 bis 4,5	kommunikativer	darstellerischer
3,6 bis 4,0	eher kommunikativer	eher darstellerischer
3,1 bis 3,5	ausgesprochen weltoffener	stark beeinflußbarer
2,6 bis 3,0	weltoffener	beeinflußbarer
2,1 bis 2,5	eher weltoffener	eher beeinflußbarer
1,6 bis 2,0	sehr aufgeschlossener	stark nachgebender
1,1 bis 1,5	aufgeschlossener	nachgebender
0,6 bis 1,0	eher aufgeschlossener	eher nachgebender
0,0 bis 0,5	ansprechbarer	relativierender
-0,0 bis –0,5	verhaltener	neutralistischer
-0,6 bis –1,0	ausgesprochen verhaltener	begrenzender
-1,1 bis –1,5	eher diskreter	eher eingeengter
-1,6 bis –2,0	diskreter	eingeengter
-2,1 bis –2,5	besonders diskreter	besonders eingeengter
-2,6 bis –3,0	eher wertorientierter	eher ideologischer
-3,1 bis –3,5	wertorientierter	ideologischer
-3,6 bis –4,0	ausgeprägt wertorientierter	ausgesprochen ideologischer
-4,1 bis –4,5	eher eigenständiger	eher orthodoxer
-4,6 bis –5,0	eigenständiger	orthodoxer
-5,1 bis –5,5	sehr eigenständiger	stark orthodoxer
-5,6 bis –6,0	eindeutiger	fundamentalistischer
<-6,0	ausgesprochen eindeutiger	stark fundamentalistischer

Up (Weltzuwendung), Uw, Ux, Uv

Wert	Realwertbedeutungen	Imaginärwertbedeutungen
0,0 bis 0,5	keineswegs	höchstens abwehrend
0,6 bis 1,0	kaum	eher abwehrend
1,1 bis 1,5	wenig	äußerst scheu
1,6 bis 2,0	höchstens unauffällig	nur scheu
2,1 bis 2,5	mehr unauffällig	eher schüchtern
2,6 bis 3,0	höchstens indirekt	ohne Interesse
3,1 bis 3,5	indirekt	mit wenig Interesse
3,6 bis 4,0	eher indirekt	unbeteiligt
4,1 bis 4,5	teilweise	eher unbeteiligt
4,6 bis 5,0	ansatzweise	begrenzt beteiligt
5,1 bis 5,5	eher lebhaft	eher unstet
5,6 bis 6,0	lebhaft	unstet
6,1 bis 6,5	sehr lebhaft	ausgesprochen unstet
6,6 bis 7,0	interessiert	eher neugierig
7,1 bis 7,5	besonders interessiert	neugierig
7,6 bis 8,0	eher unmittelbar	vor allem aus Neugier
8,1 bis 8,5	unmittelbar	forciert
8,6 bis 9,0	ausgesprochen unmittelbar	demonstrativ
>9,0i	----------	exhibitionistisch

Üp (Überich), Üw, Üx, Üv

Wert	Realwertbedeutungen	Imaginärwertbedeutungen
0,0 bis 0,5	kaum	keine
0,6 bis 1,0	wenig	sehr flache
1,1 bis 1,5	uneindeutige	flache
1,6 bis 2,0	unbestimmte	eher flache
2,1 bis 2,5	neutrale	neutralistische
2,6 bis 3,0	relative	relativistische
3,1 bis 3,5	ausgesprochen liberale	stark verschwommene
3,6 bis 4,0	meistens liberale	verschwommene
4,1 bis 4,5	teilweise liberale	eher verschwommene
4,6 bis 5,0	ansatzweise bestimmte	ansatzweise illiberale
5,1 bis 5,5	bedingt bestimmte	illiberale
5,6 bis 6,0	bestimmte	streng illiberale
6,1 bis 6,5	sehr bestimmte	eher prinzipienhafte
6,6 bis 7,0	eher eindeutige	prinzipienhafte
7,1 bis 7,5	eindeutige	ausgesprochen prinzipienhafte
7,6 bis 8,0	sehr eindeutige	eher unrealistische
8,1 bis 8,5	eher strenge	unrealistische
8,6 bis 9,0	strenge	stark unrealistische
>9,0i	----------	überwertig fundamentalistische

Mn (sozialer Stil), Mnw, Mnx, Mnv

Wert	Realwertbedeutungen	Imaginärwertbedeutungen
>+6,0	stark expansiv	in besonderem Maße außengelenkt
5,6 bis 6,0	expansiv	ausgesprochen außengelenkt
5,1, bis 5,5	mäßig expansiv	außengelenkt
4,6 bis 5,0	ausgesprochen extravertiert	stark umweltabhängig
4,1 bis 4,5	extravertiert	umweltabhängig
3,6 bis 4,0	mäßig extravertiert	eher umweltabhängig
3,1 bis 3,5	ausgesprochen weltzugewandt	sehr unbestimmt
2,6 bis 3,0	weltzugewandt	unbestimmt
2,1 bis 2,5	mäßig weltzugewandt	eher unbestimmt
1,6 bis 2,0	sehr offen	ungezwungen
1,1 bis 1,5	offen	eher ungezwungen
0,6 bis 1,0	mäßig offen	recht uneindeutig
0,0 bis 0,5	ausgeglichen	uneindeutig
-0,0 bis –0,5	eher ausgeglichen	leicht uneindeutig
-0,6 bis –1,0	mäßig gedämpft	leicht übersteuert
-1,1 bis –1,5	gedämpft	eher übersteuert
-1,6 bis –2,0	starkt gedämpft	leicht unfrei
-2,1 bis –2,5	mäßig gesteuert	unfrei
-2,6 bis –3,0	gesteuert	recht unfrei
-3,1 bis –3,5	straff gesteuert	leicht verspannt
-3,6 bis –4,0	eher innengelenkt	verspannt
-4,1 bis –4,5	innengelenkt	deutlich verspannt
-4,6 bis –5,0	stark innengelenkt	eher gezwungen
-5,1 bis –5,5	eher in sic gekehrt	gezwungen
-5,6 bis –6,0	in sich gekehrt	leicht verkrampft
<-6,0	ausgesprochen in sich gekehrt	verkrampft

Geg (Gemeinschaftseinstellung), Gegw, Gegx, Gegv

Wert	Realwertbedeutungen	Imaginärwertbedeutungen
>+6,0	ausgeprägt schöngeistige	ausgeprägt illusionistische
5,6 bis 6,0	schöngeistige	illusionistische
5,1, bis 5,5	eher schöngeistige	eher illusionistische
4,6 bis 5,0	ausgesprochen kulturelle	ausgeprägt schwärmerische
4,1 bis 4,5	kulturelle	schwärmerische
3,6 bis 4,0	ansatzweise kulturelle	eher schwärmerische
3,1 bis 3,5	ausgeprägt universale	stark funktionalistische
2,6 bis 3,0	universale	funktionalistische
2,1 bis 2,5	eher universale	eher funktionalistische
1,6 bis 2,0	sehr einfühlsame	stark irritierbare
1,1 bis 1,5	einfühlsame	irritierbare
0,6 bis 1,0	eher einfühlsame	teilweise irritierbare
0,0 bis 0,5	ausgewogene	uneindeutige
-0,0 bis –0,5	ausgeglichene	unbestimmte
-0,6 bis –1,0	eher verständige	eher beeinflußbare
-1,1 bis –1,5	verständige	beeinflußbare
-1,6 bis –2,0	teilnehmende	schwankende
-2,1 bis –2,5	eher humane	eher romantische
-2,6 bis –3,0	humane	romantische
-3,1 bis –3,5	ausgesprochen humane	ausgesprochen romantische
-3,6 bis –4,0	eher partnerschaftliche	eher persönliche
-4,1 bis –4,5	partnerschaftliche	persönliche
-4,6 bis –5,0	ausgesprochen partnerschaftliche	stark persönliche
-5,1 bis –5,5	eher individualistische	eher ichhafte
-5,6 bis –6,0	individualistische	ichhafte
<-6,0	ausgesprochen individualistische	besonders ichhafte

Kp (Kulturperson, soziale Ansprechbarkeit), Kw, Kx, Kv

Wert	Realwertbedeutungen	Imaginärwertbedeutungen
0,0 bis 0,5	stark nützlichkeitsbestimmte	kulturfeindliche
0,6 bis 1,0	nützlichkeitsbestimmte	kulturfremde
1,1 bis 1,5	eher nützlichkeitsbestimmte	kulturferne
1,6 bis 2,0	sehr zivilisatorisch orientierte	rein funktionalistische
2,1 bis 2,5	zivilisatorisch orientierte	funktionalistische
2,6 bis 3,0	eher zivilisatorisch orientierte	eher funktionalistische
3,1 bis 3,5	sehr realistische	besonders materialistische
3,6 bis 4,0	realistische	materialistische
4,1 bis 4,5	eher realistische	eher materialistische
4,6 bis 5,0	anregbare	veräußerlichte
5,1 bis 5,5	sehr anregbare	eher veräußerlichte
5,6 bis 6,0	eher kulturgebundene	eher unwirkliche
6,1 bis 6,5	kulturgebundene	unwirkliche
6,6 bis 7,0	ausgesprochen kulturgebundene	ausgesprochen unwirkliche
7,1 bis 7,5	eher geistige	eher kultische
7,6 bis 8,0	geistige	kultische
8,1 bis 8,5	ausgesprochen geistige	ausgesprochen kultische
8,6 bis 9,0	vergeistigte	illusionistische
>9,0i	----------	halluzinäre

Bp (Beziehungsperson, Humanität), Bw, Bx, Bv

Wert	Realwertbedeutungen	Imaginärwertbedeutungen
0,0 bis 0,5	eindeutig unbeteiligten	sehr unpersönlichen
0,6 bis 1,0	unbeteiligten	unpersönlichen
1,1 bis 1,5	wenig beteiligten	eher unpersönlichen
1,6 bis 2,0	ausgesprochen objektiven	stark abwehrenden
2,1 bis 2,5	objektiven	abwehrenden
2,6 bis 3,0	eher objektiven	eher abwehrenden
3,1 bis 3,5	ausgesprochen sachlichen	sich zumeist sperrenden
3,6 bis 4,0	sachlichen	sich sperrenden
4,1 bis 4,5	eher sachlichen	sich hin und wieder sperrenden
4,6 bis 5,0	eher aufgeschlossenen	eher romantischen
5,1 bis 5,5	aufgeschlossenen	romantischen
5,6 bis 6,0	sehr aufgeschlossenen	sehr romantischen
6,1 bis 6,5	ansatzweise beteiligten	eher persönlichen
6,6 bis 7,0	beteiligten	persönlichen
7,1 bis 7,5	ausgesprochen beteiligten	stark persönlichen
7,6 bis 8,0	eher partnerschaftlichen	eher egozentrischen
8,1 bis 8,5	partnerschaftlichen	egozentrischen
8,6 bis 9,0	ausgeprägt partnerschaftlichen	stark egozentrischen
>9,0i	----------	überwertig parteilichen

Gbg (Sozialverhaltensstil), Gbgw, Gbgx, Gbgv

Wert	Realwertbedeutungen	Imaginärwertbedeutungen
> +6,0	besonders angreifende	sehr herrische
5,6 bis 6,0	angreifende	herrische
5,1, bis 5,5	teilweise angreifende	eher herrische
4,6 bis 5,0	ausgesprochen leitende	ausgesprochen aggressive
4,1 bis 4,5	leitende	aggressive
3,6 bis 4,0	bedingt leitende	bedingt aggressive
3,1 bis 3,5	ausgesprochen aktive	besonders heftige
2,6 bis 3,0	aktive	heftige
2,1 bis 2,5	eher aktive	eher heftige
1,6 bis 2,0	ausgesprochen bestimmende	ausgesprochen bemächtigende
1,1 bis 1,5	bestimmende	bemächtigende
0,6 bis 1,0	eher bestimmende	eher bemächtigende
0,0 bis 0,5	anleitende	scharfe
-0,0 bis –0,5	fortführende	unfeste
-0,6 bis –1,0	eher ausgestaltende	eher folgsame
-1,1 bis –1,5	ausgestaltende	folgsame
-1,6 bis –2,0	starke ausgestaltende	ausgesprochen folgsame
-2,1 bis –2,5	eher sorgende	eher nachgiebige
-2,6 bis –3,0	sorgende	nachgiebige
-3,1 bis –3,5	besonders sorgende	ausgesprochen nachgiebige
-3,6 bis –4,0	eher anpassende	besänftigende
-4,1 bis –4,5	anpassende	ausgesprochen besänftigende
-4,6 bis –5,0	unbedingt anpassende	chcr fürsorgcrischc
-5,1 bis–5,5	eher beeindruckbare	fürsorgerische
-5,6 bis –6,0	beeindruckbare	stark fürsorgerische
<-6,0	weiche	feministische

Gp (soziale Bewältigungsweise), Gw, Gx, Gv

Wert	Realwertbedeutungen	Imaginärwertbedeutungen
0,0 bis 0,5	stark zögernden	ausgesprochen lahmen
0,6 bis 1,0	zögernden	lahmen
1,1 bis 1,5	eher zögernden	eher lahmen
1,6 bis 2,0	deutlich abwartenden	sehr zaghaften
2,1 bis 2,5	abwartenden	zaghaften
2,6 bis 3,0	eher abwartenden	eher zaghaften
3,1 bis 3,5	sehr rücksichtsvollen	ausgesprochen unentschiedenen
3,6 bis 4,0	rücksichtsvollen	unentschiedenen
4,1 bis 4,5	eher rücksichtsvollen	eher unentschiedenen
4,6 bis 5,0	ausgesprochen kooperativen	sehr unbestimmten
5,1 bis 5,5	kooperativen	unbestimmten
5,6 bis 6,0	eher kooperativen	eher unbestimmten
6,1 bis 6,5	eher entscheidenden	eher forcierten
6,6 bis 7,0	entscheidenden	forcierten
7,1 bis 7,5	energisch entscheidenden	ausgesprochen forcierten
7,6 bis 8,0	eher eigenwilligen	eher rücksichtslosen
8,1 bis 8,5	eigenwilligen	rücksichtslosen
8,6 bis 9,0	sehr eigenwilligen	sehr rücksichtslosen
>9,0i	----------	selbstherrlichen

Sp (Hingabestil), Sw, Sx, Sv

Wert	Realwertbedeutungen	Imaginärwertbedeutungen
0,0 bis 0,5	ausgesprochen unbeeinflußbaren	ausgesprochen spröden
0,6 bis 1,0	unbeeinflußbaren	spröden
1,1 bis 1,5	eher unbeeinflußbaren	eher spröden
1,6 bis 2,0	sehr unnachgiebigen	ausgeprägt rigiden
2,1 bis 2,5	unnachgiebigen	rigiden
2,6 bis 3,0	eher unnachgiebigen	eher rigiden
3,1 bis 3,5	besonders freien	sehr uninteressierten
3,6 bis 4,0	freien	uninteressierten
4,1 bis 4,5	eher freien	eher uninteressierten
4,6 bis 5,0	ansprechbaren	sensitiven
5,1 bis 5,5	ausgesprochen ansprechbaren	ausgesprochen sensitiven
5,6 bis 6,0	eher sensiblen	eher affizierbaren
6,1 bis 6,5	sensiblen	affizierbaren
6,6 bis 7,0	ausgesprochen sensiblen	ausgesprochen affizierbaren
7,1 bis 7,5	eher mitgehenden	eher nachgebenden
7,6 bis 8,0	mitgehenden	nachgebenden
8,1 bis 8,5	besonders mitgehenden	stark nachgebenden
8,6 bis 9,0	engagierten	bestimmbaren
>9,0i	----------	haltlosen

Wt (Handlungsstil), Wtw, Wtx, Wtv

Wert	Realwertbedeutungen	Imaginärwertbedeutungen
>+6,0	stark expansiv	in besonderem Maße außengelenkt
5,6 bis 6,0	expansiv	ausgesprochen außengelenkt
5,1, bis 5,5	mäßig expansiv	außengelenkt
4,6 bis 5,0	ausgesprochen extravertiert	stark umweltabhängig
4,1 bis 4,5	extravertiert	umweltabhängig
3,6 bis 4,0	mäßig extravertiert	eher umweltabhängig
3,1 bis 3,5	ausgesprochen weltzugewandt	sehr unbestimmt
2,6 bis 3,0	weltzugewandt	unbestimmt
2,1 bis 2,5	mäßig weltzugewandt	eher unbestimmt
1,6 bis 2,0	sehr offen	ungezwungen
1,1 bis 1,5	offen	eher ungezwungen
0,6 bis 1,0	mäßig offen	recht uneindeutig
0,0 bis 0,5	ausgeglichen	uneindeutig
-0,0 bis –0,5	eher ausgeglichen	leicht uneindeutig
-0,6 bis –1,0	mäßig gedämpft	leicht übersteuert
-1,1 bis –1,5	gedämpft	eher übersteuert
-1,6 bis –2,0	starkt gedämpft	leicht unfrei
-2,1 bis –2,5	mäßig gesteuert	unfrei
-2,6 bis –3,0	gesteuert	recht unfrei
-3,1 bis –3,5	straff gesteuert	leicht verspannt
-3,6 bis –4,0	eher innengelenkt	verspannt
-4,1 bis –4,5	innengelenkt	deutlich verspannt
-4,6 bis –5,0	stark innengelenkt	eher gezwungen
-5,1 bis –5,5	eher in sich gekehrt	gezwungen
-5,6 bis –6,0	in sich gekehrt	leicht verkrampft
<-6,0	ausgesprochen in sich gekehrt	verkrampft

Weg (Welterfassungsstil), Wegw, Wegx, Wegv

Wert	Realwertbedeutungen	Imaginärwertbedeutungen
>+6,0	besonders unbefangen	äußerst unsystematisch
5,6 bis 6,0	unbefangen	unsystematisch
5,1, bis 5,5	weitgehend unbefangen	eher unsystematisch
4,6 bis 5,0	bedingt unbefangen	ausgesprochen oberflächlich
4,1 bis 4,5	ausgesprochen zwanglos	oberflächlich
3,6 bis 4,0	zwanglos	weitgehend oberflächlich
3,1 bis 3,5	sehr umrißartig	teilweise oberflächlich
2,6 bis 3,0	umrißartig	betont flüchtig
2,1 bis 2,5	weitgehend in Umrissen	flüchtig
1,6 bis 2,0	teilweise umrißhaft	eher flüchtig
1,1 bis 1,5	sehr global	sehr wenig exakt
0,6 bis 1,0	global	wenig exakt
0,0 bis 0,5	eher global	bedingt exakt
-0,0 bis –0,5	teilweise geordnet	nicht ungenau
-0,6 bis –1,0	geordnet	eher sammelnd
-1,1 bis –1,5	ausgesprochen geordnet	sammelnd
-1,6 bis –2,0	eher gegliedert	eher registrierend
-2,1 bis –2,5	gegliedert	registrierend
-2,6 bis –3,0	straff gegliedert	eher einzelheitlich
-3,1 bis –3,5	eher organisierend	einzelheitlich
-3,6 bis –4,0	organisierend	stark einzelheitlich
-4,1 bis –4,5	straff organisierend	eher bürokratisch
-4,6 bis –5,0	eher systematisch	bürokratisch
-5,1 bis –5,5	systematisch	besonders bürokratisch
-5,6 bis –6,0	ausgesprochen systematisch	eher pedantisch
<-6,0	streng systematisch	ausgesprochen pedantisch

Ep (Einstellung zum Geschehen), Ew, Ex, Ev

Wert	Realwertbedeutungen	Imaginärwertbedeutungen
0,0 bis 0,5	sehr nüchtern	ausgesprochen amusisch
0,6 bis 1,0	nüchtern	amusisch
1,1 bis 1,5	eher nüchtern	eher amusisch
1,6 bis 2,0	sehr sachlich	übervorsichtig
2,1 bis 2,5	sachlich	vorsichtig
2,6 bis 3,0	eher sachlich	eher vorsichtig
3,1 bis 3,5	ausgesprochen realistisch	sehr irritierbar
3,6 bis 4,0	realistisch	irritierbar
4,1 bis 4,5	eher realistisch	eher irritierbar
4,6 bis 5,0	bedingt frei	unbestimmt
5,1 bis 5,5	eher sicher	eher selbstunkritisch
5,6 bis 6,0	sicher	selbstunkritisch
6,1 bis 6,5	besonders sicher	ausgesprochen selbstunkritisch
6,6 bis 7,0	eher optimistisch	eher leichtfertig
7,1 bis 7,5	optimistisch	leichtfertig
7,6 bis 8,0	ausgesprochen optimistisch	ausgesprochen leichtfertig
8,1 bis 8,5	risikobereit	unrealistisch
8,6 bis 9,0	ausgesprochen risikobereit	ausgesprochen unrealistisch
>9,0i	----------	irreal

Op (Verarbeitungsweise), Ow, Ox, Ov

Wert	Realwertbedeutungen	Imaginärwertbedeutungen
0,0 bis 0,5	höchstens in Umrissen	sehr umtriebig
0,6 bis 1,0	hier und da in Umrissen	umtriebig
1,1 bis 1,5	eher umrißhaft	weitgehend umtriebig
1,6 bis 2,0	sehr lässig	ausgesprochen chaotisch
2,1 bis 2,5	lässig	chaotisch
2,6 bis 3,0	eher lässig	bedingt chaotisch
3,1 bis 3,5	höchstens registrierend	sehr nachlässig
3,6 bis 4,0	nur registrierend	nachlässig
4,1 bis 4,5	teilweise nur registrierend	teilweise nachlässig
4,6 bis 5,0	teilweise besonnen	mit einiger Vorsicht
5,1 bis 5,5	eher besonnen	eher vorsichtig
5,6 bis 6,0	besonnen	vorsichtig
6,1 bis 6,5	eher umfassend	eher katalogisierend
6,6 bis 7,0	umfassend	katalogisierend
7,1 bis 7,5	ausgesprochen umfassend	sorgfältig katalogisierend
7,6 bis 8,0	eher durchdringend	eher bedenkend
8,1 bis 8,5	durchdringend	bedenkend
8,6 bis 9,0	voll durchdringend	formalistisch
>9,0i	----------	übertrieben formalistisch

Wbg (Aktionsstil), Wbgw, Wbgx, Wbgv

Wert	Realwertbedeutungen	Imaginärwertbedeutungen
>+6,0	unerschütterlichen	sehr unelastischen
5,6 bis 6,0	eher unerschütterlichen	unelastischen
5,1, bis 5,5	besonders unbeirrbaren	stark opponierenden
4,6 bis 5,0	unbeirrbaren	opponierenden
4,1 bis 4,5	eher unbeirrbaren	eher trotzigen
3,6 bis 4,0	eindeutigen	eher abwehrenden
3,1 bis 3,5	eher eindeutigen	prinzipienhaften
2,6 bis 3,0	besonders konsequenten	eher prinzipienhaften
2,1 bis 2,5	konsequenten	inflexiblen
1,6 bis 2,0	eher konsequenten	wenig flexiblen
1,1 bis 1,5	sehr gleichmäßigen	sehr gleichförmigen
0,6 bis 1,0	gleichmäßigen	gleichförmigen
0,0 bis 0,5	eher gleichmäßigen	eher gleichförmigen
-0,0 bis –0,5	eher regen	eher ungleichmäßigen
-0,6 bis –1,0	regen	ungleichmäßigen
-1,1 bis –1,5	sehr regen	eher betriebsamen
-1,6 bis –2,0	eher eifrigen	betriebsamen
-2,1 bis –2,5	eifrigen	sehr betriebsamen
-2,6 bis –3,0	sehr eifrigen	eher unruhigen
-3,1 bis –3,5	schwungvollen	unruhigen
-3,6 bis –4,0	sehr schwungvollen	sehr unruhigen
-4,1 bis –4,5	dynamischen	hektischen
-4,6 bis –5,0	sehr dynamischen	eher heftigen
-5,1 bis –5,5	eher expansiven	heftigen
-5,6 bis –6,0	expansiven	eher hitzigen
<-6,0	besonders expansiven	hitzigen

Fp (Fortschrittsperson), Fw, Fx, Fv

Wert	Realwertbedeutungen	Imaginärwertbedeutungen
0,0 bis 0,5	ausgesprochener Beständigkeit	Impulslosigkeit
0,6 bis 1,0	Beständigkeit	Impulsarmut
1,1 bis 1,5	einiger Beständigkeit	Impulsschwäche
1,6 bis 2,0	viel Beschaulichkeit	ausgesprochener Schwunglosigkeit
2,1 bis 2,5	Beschaulichkeit	Schwunglosigkeit
2,6 bis 3,0	einiger Beschaulichkeit	ausgesprochener Vorgestrigkeit
3,1 bis 3,5	starkem Ruhestreben	Vorgestrigkeit
3,6 bis 4,0	Ruhestreben	einiger Risikoscheu
4,1 bis 4,5	einigem Streben nach Ruhe	wenig Interesse
4,6 bis 5,0	einiger Rührigkeit	einigen Veränderungswünschen
5,1 bis 5,5	größerer Rührigkeit	Veränderungsabsichten
5,6 bis 6,0	einiger Expansivität	Wechselhaftigkeiten
6,1 bis 6,5	größerer Expansivität	einiger Neugier
6,6 bis 7,0	Unternehmungsdrang	Neugier
7,1 bis 7,5	Suche nach Neuem	gesteigerter Neugier
7,6 bis 8,0	Forschungsdrang	einigem Abenteurertum
8,1 bis 8,5	Zukunftsorientierung	Abenteurertum
8,6 bis 9,0	Wissensdrang	starkem Abenteurertum
>9,0i	----------	überwertiger Neuerungssucht

Tp (Traditionsperson), Tw, Tx, Tv

Wert	Realwertbedeutungen	Imaginärwertbedeutungen
0,0 bis 0,5	besonders schweifender Art	ausgesprochener Wurzellosigkeit
0,6 bis 1,0	mehr schweifender Art	Wurzellosigkeit
1,1 bis 1,5	teilweise schweifender Art	einiger Wurzellosigkeit
1,6 bis 2,0	erhöhter Beweglichkeit	fehlender Bodenständigkeit
2,1 bis 2,5	Beweglichkeit	teilweise fehlender Bodenständigkeit
2,6 bis 3,0	einiger Beweglichkeit	erhöhter Hinreißbarkeit
3,1 bis 3,5	erhöhter Elastizität	Hinreißbarkeit
3,6 bis 4,0	Elastizität	einiger Hinreißbarkeit
4,1 bis 4,5	einiger Elastizität	erhöhter Unbestimmtheit
4,6 bis 5,0	einigem Gleichmaß	Unbestimmtheit
5,1 bis 5,5	Gleichmaß	einigen Verfestigungen
5,6 bis 6,0	erhöhtem Gleichmaß	Verfestigungen
6,1 bis 6,5	einiger Solidität	starken Verfestigungen
6,6 bis 7,0	Solidität	Unbeweglichkeit
7,1 bis 7,5	betonter Solidität	gesteigerter Unbeweglichkeit
7,6 bis 8,0	einiger Beharrlichkeit	einigem Eigensinn
8,1 bis 8,5	Beharrlichkeit	Eigensinn
8,6 bis 9,0	ausgesprochener Beharrlichkeit	gesteigertem Eigensinn
>9,0i	----------	Negativismus

FW-werte	**Iy; ; (IyW), IyX; IyV**	**Wy; (WyW), WyX, WyV**
36,00 bis 36,69	mangelhafte	ungenügend
36,97 bis 37,58	wenig ausgebildete	gering
37,59 bis 39,02	geringe	unterdurchschnittlich
39,03 bis 41,69	mäßige	knapp durchschnittlich
41,70 bis 44,00	mittlere	durchschnittlich
44,01 bis 46,22	gut durchschnittliche	gut durchschnittlich
46,23 bis 50,00	gehobene	überdurchschnittlich
50,01 bis 53,62	über mittlere	deutlich
53,63 bis 59,00	beträchtliche	betont
59,01 bis 65,62	ausgeprägte	markant
65,63 bis 71,00	höhere	beträchtlich
71,01 bis 77,00	gute	stark
77,01 bis 85,42	sehr gut	sehr stark
85,43 bis 93,00	herausragende	außergewöhnlich
93,01bis 100,00	überragende	überragend

(<4.0 =k, 4.0 bis 5,9 =m; > 6,0-7,5 =g, 7,6-9,0=h)

we,wm,wk(wev,wmv,wkv)	
-kkk	eine verminderte
-kkm	eine eingeengte
-kkg	eine unentschiedene und unflexible
-kkh	eine pedantische
-kmk	eine flüchtige
-kmm	eine unbestimmte
-kmg	eine unbestimmte scharfe
-kmh	eine unbestimmte konzentrierte
-kgk	eine oberflächliche
-kgm	eine lockere
-kgg	eine flexible
-kgh	eine wenig klare, flexible und konzentrierte
-khk	eine oberflächliche, aber unklare und unscharfe
-khm	eine reagible unbestimmte
-khg	eine scharfe und flexible, aber unbestimmte
-khh	eine unbestimmte reagibel und pedantische
-mkk	eine träge und nachlässige
-mkm	eine gespannte-bestimmte
-mkg	eine enge und bestimmte
-mkh	eine klare, aber eingeengte pedantische
-mmk	eine unscharfe, aber bestimmte und reagible
-mmm	eine klare und bestimmte
-mmg	eine klare und konzentrierte
-mmh	eine klare, reagible und scharfe
-mgk	eine wechselhafte
-mgm	eine vielgleisige
-mgg	eine straffe, horizontweite
-mgh	eine klare und flexible und konzentrierte

-mhk	eine klare, aber unscharfe und fließende
-mhm	eine klare, fließende
-mhg	eine klare, scharfe fließende
-mhh	eine klare, pedantische ausgreifende
-gkk	eine einseitige
-gkm	eine entschiedene
-gkg	eine sture
-gkh	eine entschiedene, pedantische einseitige
-gmk	eine heftige
-gmm	eine klare und entschiedene
-gmg	eine gespannte und entschiedene
-gmh	eine entschiedene, superscharfe reagible
-ggk	eine eruptive, schwankende
-ggm	eine weite und energische
-ggg	eine weite, klare und bestimmte
-ggh	eine weite, scharfe und bestimmte
-ghk	eine sehr weite, bestimmte, aber eher unscharfe
-ghm	eine sehr weite, bestimmte und nicht unscharfe
-ghg	eine sehr weitere, bestimmte und scharfe
-ghh	eine sehr weitere, sehr scharfe und bestimmte
-hkk	eine energische, enge und unscharfe
-hkm	eine energische. enge und deutliche
-hkg	eine energische. enge und scharfe
-hkh	eine energische, überscharfe einseitige
-hmk	eine energische reagible und unscharfe
-hmm	eine energische reagible und deutliche
-hmg	eine energische. reagible und scharfe
-hmh	eine energische. reagible und überscharfe
-hgk	eine energisch, flexible und unscharfe
-hgm	eine energische, flexible und deutliche

-hgg	eine energische. flexible und scharfe
-hgh	eine energisch flexible und überscharfe
-hhk	eine fließende, oberflächliche energische
-hhm	eine fließende, deutliche energische
-hhg	eine fließende, aber scharfe und energische
-hhh	eine energische und überscharfe ausladende

dk,dp,de;(dkv,dpv,dev)	
-kkk	ein eintöniges und stumpfes
-kkm	ein oberflächlich kombinierendes
-kkg	ein flaches scheingeistiges
-kkh	ein flaches routinehaftes
-kmk	ein unkritisch intuitives
-kmm	ein alltägliches
-kmg	ein unkritisches routinehaftes
-kmh	ein oberflächliches routiniertes
-kgk	ein sporadisches unkritisches
-kgm	ein flüchtiges und sprunghaftes
-kgg	ein unkritisches einfallsreiches
-kgh	ein phantastisches
-khk	ein unkritisches rezeptives
-khm	ein unkritisches reproduktives
-khg	ein urteilsschwaches intuitives
-khh	ein urteilsschwaches phantastisches
-mkk	ein einspuriges, begrenztes
-mkm	ein einspuriges Alltags-
-mkg	ein geschicktes, aber einspuriges Alltags-
-mkh	ein sehr geschicktes, aber einspuriges Alltags-
-mmk	ein lineares Alltags-
-mmm	ein gehobenes Alltags-

-mmg	ein klares und gewandtes
-mmh	ein vielseitiges gehobenes
-mgk	ein lineares Einfalls-
-mgm	ein bewegliches und phantasievolles
-mgg	ein vielseitiges und einfallsreiches
-mgh	ein einfallsreiches facettenreiches
-mhk	ein gradliniges und klares einfallsreiches
-mhm	ein variables, klares und einfallsreiches
-mhg	ein klares, bewegliche und einfallsreiches
-mhh	ein klares, sprühendes und phantasiereiches
-gkk	ein einseitiges, begrenztes analytisches
-gkm	ein scharfes und bewegliches Alltags-
-gkg	ein scharfes und gewandtes in gewohnten Inhalten und Bahnen bleibendes
-gkh	ein scharfes und gewandtes nüchternes
-gmk	ein kritisches lineares
-gmm	ein kritisch-analytisches
-gmg	ein geschicktes kritisches
-gmh	ein sprühendes, kritisches
-ggk	ein gradliniges kritisches Einfalls-
-ggm	ein vielseitiges einfallsreiches
-ggg	ein vielseitiges vernetztes
-ggh	ein kritisches, einfallsreiches und vielseitiges
-ghk	ein kritisches, phantasievolles lineares
-ghm	ein kritisches, phantasiereiches nicht unbewegliches
-ghg	ein kritisches, phantasievolles und gewandtes
-ghh	ein kritisches, phantasievolles, sprühendes
-hkk	ein scharfes, gradliniges Alltags-
-hkm	ein scharfes, variables Alltags-
-hkg	ein scharfes, gewandtes Alltags-
-hkh	ein scharfes sprühendes Alltags-

-hmk	ein gradliniges aufgeschlossenes analytisches
-hmm	ein variables aufgeschlossenes analytisches
-hmg	ein bewegliches aufgeschlossenes analytisches
-hmh	ein sprühendes aufgeschlossenes analytisches
-hgk	ein scharfes, einfallsreiches gradliniges
-hgm	ein scharfes, einfallsreiches variables
-hgg	ein scharfes bewegliches einfallsreiches
-hgh	ein scharfes sprühendes einfallsreiches
-hhk	ein kreatives analytisches
-hhm	ein variables kreatives analytisches
-hhg	ein scharfes. kreatives vielseitiges
-hhh	ein scharfes vernetztes kreatives

we#dk	we, wex, wev	dk, dkx, dkv
0,0 bis 1,0	unentschlossener	nicht
1,1 bis 1,5	völlig uneindeutiger	häufig nicht
1,6 bis 2,5	ausgesprochen unbestimmter	sehr unscharf
2,6 bis 3,0	unbestimmter	unscharf
3,1 bis 3,5	stark lavierender	selten scharf
3,6 bis 4,0	lavierender	teilweise in Ansätzen
4,1 bis 4,5	ausgesprochen kompromißbereiter	in Ansätzen
4,6 bis 5,0	eher kompromißbereiter	in alltäglichen Umständen
5,1 bis 5,5	ansatzweise bestimmter	über alltägliche Umstände hinaus
5,6 bis 6,0	bestimmter	annähernd klar
6,1 bis 6,5	sehr bestimmter	klar
6,6 bis 7,0	eher entschlossener	deutlich
7,1 bis 7,5	entschlossener	sehr deutlich
7,6 bis 8,0	ziemlich kompromißloser	scharf
8,1 bis 9,0	kompromißloser	ausgesprochen scharf

we, wex						dk, dkx,
	1,0 b. 2,6	2,6 b. 3,9	4,0 b. 4,9	5,0 b. 5,9	6,0 b. 7,5	7,6 b. 9,0
7,6 b. 9,0	engstirnige	eigensinnige	unbeirrbare	entschlossene	eigenwillige	dominierende
6,0 b. 7,5	einspurige	einseitige	alltägliche	gezielte	konsequente	unabhängige
5,0 b. 5,9	enge	unkomplizier-te	einfache	übliche	sichere	selbständige
4,0 b. 4,9	beeinflußbare	bestimmbare	nachgiebige	unsichere	kooperative	rationale
2,6 b. 3,9	unscharfe	abhängige	vage	begrenzte	offene	klare
1,0 b. 2,6	uneindeutige	unbestimmte	inkonsequente	unfestgelegte	wechselnde	kompromiß-hafte

wm#dp (Informationsverarbeitung)

	wm, wmx, wmv	dp, dpx, dpv
0,0 bis 1,0	höchst selten	äußerst selten
1,1 bis 1,5	kaum	selten
1,6 bis 2,5	nur hin und wieder	in geringem Umfange
2,6 bis 3,0	besonders bedächtig	höchstens teilweise
3,1 bis 3,5	bedächtig	teilweise
3,6 bis 4,0	eher bedächtig	ansatzweise
4,1 bis 4,5	sehr ruhig	manchmal
4,6 bis 5,0	ruhig	häufiger
5,1 bis 5,5	annähernd normal	im allgemeinen
5,6 bis 6,0	normal	vielfach
6,1 bis 6,5	leicht beschleunigt	ziemlich weitgehend
6,6 bis 7,0	beschleunigt	weitgehend
7,1 bis 7,5	besonders beschleunigt	annähernd umfassend
7,6 bis 8,0	schnell	umfassend
8,1 bis 9,0	sehr schnell	vollständig

wm, wmx						dp, dpx,
	1,0 b. 2,6	2,6 b. 3,9	4,0 b. 4,9	5,0 b. 5,9	6,0 b. 7,5	7,6 b. 9,0
7,6 b. 9,0	hektische	rastlose	voreilige	bewegliche	vielseitige	gelehrige
6,0 b. 7,5	oberflächliche	flüchtige	unbedachte	reagible	flexible	geschickte
5,0 b. 5,9	eingeengte	begrenzte	enge	anstellige	aufgeschlosse-ne	empfängliche
4,0 b. 4,9	geringe	ausschnittswei-se	teilweise	alltägliche	formbare	folgsame
2,6 b. 3,9	unzulängliche	unzureichende	zögernde	abwartende	anregbare	ansprechbare
1,0 b. 2,6	mangelhafte	lückenhafte	bedächtige	bedachtsame	recht langsame	träge

wk#de (Kombinationsweise)

	wk, wkx, wkv	**de, dex, dev**
0,0 bis 1,0	kaum	äußerst selten
1,1 bis 1,5	nur wenig	selten
1,6 bis 2,5	wenig	nur sehr ungeschickt
2,6 bis 3,0	nur begrenzt	eher ungeschickt
3,1 bis 3,5	lediglich sehr mäßig	wenig gewandt
3,6 bis 4,0	lediglich mäßig	ausschließlich in gewohnten Bahnen
4,1 bis 4,5	hin und wieder einigermaßen	eher bedächtig
4,6 bis 5,0	annähernd einigermaßen	mehr rein routinehaft
5,1 bis 5,5	einigermaßen	einigermaßen locker
5,6 bis 6,0	noch befriedigend	locker
6,1 bis 6,5	befriedigend	beweglich
6,6 bis 7,0	recht gut	recht vielseitig
7,1 bis 7,5	annähernd straff	vielseitig
7,6 bis 8,0	straff	eher vielfältig
8,1 bis 9,0	sehr straff	vielfältig

wk, wkx						**de, dex,**
	1,0 b. 2,6	2,6 b. 3,9	4,0 b. 4,9	5,0 b. 5,9	6,0 b. 7,5	7,6 b. 9,0
7,6 b. 9,0	klebende	haftende	einspurige	konsequente	zielsichere	gekonnte
6,0 b. 7,5	unbewegliche	wenig variierende	begrenzte	aufmerksame	gezielte	geschickte
5,0 b. 5,9	ungewandte	wenig gewandte	einfache	elastische	variable	bewegliche
4,0 b. 4,9	unelastische	undifferenzierte	primitive	lockere	inkonsequente	unbestimmte
2,6 b. 3,9	einförmige	unflexible	naive	sorglose	flüchtige	sprunghafte
1,0 b. 2,6	unbeholfene	ungeschickte	ziellose	unaufmerksame	wechselnde	zerfahrene

FW		Vy (Vorstellpotential), VyX, VyV	Fy (Fertigungspotential), FyX, FyV
36.00	- 36.96	mangelhafte	kaum
36.97	- 37.58	geringe	wenig
37.59	- 39.02	unterdurchschnittliche	unterdurchschnittliche
39.03	- 41.69	knapp durchschnittliche	knapp durchschnittliche
41.70	- 44,00	durchschnittliche	mittlere
44,01	- 46.22	gut durchschnittliche	deutliche
46.23	- 50,00	überdurchschnittliche	über mittlere
50,01	- 53.62	höhere	beträchtliche
53.63	- 59,00	beträchtliche	markante
59,01	- 65.62	gute	sehr markante
65.63	- 71,00	sehr gute	besonders markante
71,01	- 77,00	hohe	geschickte
77,01	- 85.42	sehr hohe	sehr geschickte
85.43	- 93,00	sehr markante	herausragende
93,01	- 100.00	umfassende	überragende

vl#ff (Feingeschick)

	vl, vlx, vlv	ff, ffx, ffv
0,0 bis 1,0	fehlende	fehlendem
1,1 bis 1,5	mangelhaft ausgebildete	äußerst minimalem
1,6 bis 2,5	sehr geringe	minimalem
2,6 bis 3,0	geringe	sehr wenig
3,1 bis 3,5	ziemlich geringe	wenig
3,6 bis 4,0	sehr mäßige	eher mäßigem
4,1 bis 4,5	mäßige	mäßigen
4,6 bis 5,0	annähernd normale	einigem
5,1 bis 5,5	ziemlich normale	eher mittlerem
5,6 bis 6,0	durchschnittliche	mittlerem
6,1 bis 6,5	gut durchschnittliche	übermittlerem
6,6 bis 7,0	größere	leicht erhöhtem
7,1 bis 7,5	gesteigerte	erhöhtem
7,6 bis 8,0	beträchtliche	viel
8,1 bis 9,0	sehr beträchtliche	besonders viel

ff, ffx						**vl, vlx,**
	1,0 b. 2,6	2,6 b. 3,9	4,0 b. 4,9	5,0 b. 5,9	6,0 b. 7,5	7,6 b. 9,0
7,6 b. 9,0	oberflächli-chem	einigem	beweglichen	gewandtem	sicherem	gekonntem
6,0 b. 7,5	flüchtigem	begrenztem	gelöstem	geschmeidi-gem	geschicktem	gezieltem
5,0 b. 5,9	unsicherem	ungenauem	gelockertem	lockerem	genauem	präzisem
4,0 b. 4,9	ziellosem	zielunsicherem	unbestimmtem	einigem	gerichtetem	gelenkten
2,6 b. 3,9	wenig	eingeschränk-tem	vermindertem	mäßigem	unbeholfenem	unausgebilde-tem
1,0 b. 2,6	fehlendem	mangelndem	unwesentli-chem	geringem	recht steifem	ungelenkem

vp#fh (handwerkliches Geschick)

	vp, vpx, vpv	fh, fhx, fhv
0,0 bis 1,0	fehlendem	äußerst begrenzt
1,1 bis 1,5	mangelhaft ausgebildetem	äußerst minimal
1,6 bis 2,5	sehr geringem	minimal
2,6 bis 3,0	geringem	sehr wenig
3,1 bis 3,5	ziemlich geringem	wenig
3,6 bis 4,0	sehr mäßigem	eher mäßig
4,1 bis 4,5	mäßigem	mäßig
4,6 bis 5,0	annähernd normalem	einigermaßen
5,1 bis 5,5	ziemlich normalem	eher mittel
5,6 bis 6,0	durchschnittlichem	mittel
6,1 bis 6,5	gut durchschnittlichem	übermittel
6,6 bis 7,0	größerem	stärker
7,1 bis 7,5	gesteigertem	markant
7,6 bis 8,0	beträchtlichem	ausgesprochen
8,1 bis 9,0	sehr beträchtlichem	besonders

fh, fhx						**vp, vpx,**
	1,0 b. 2,6	2,6 b. 3,9	4,0 b. 4,9	5,0 b. 5,9	6,0 b. 7,5	7,6 b. 9,0
7,6 b. 9,0	oberflächlich	etwas	beweglich	gewandt	sicher	gekonnt
6,0 b. 7,5	flüchtig	begrenzt	gelöst	geschmeidig	geschickt	gezielt
5,0 b. 5,9	unsicher	ungenau	gelockert	locker	genau	präzise
4,0 b. 4,9	ziellos	zielunsicher	unbestimmt	einigermaßen	gerichtet	gelenkt
2,6 b. 3,9	wenig	eingeschränkt	vermindert	mäßig	unbeholfen	unausgebildet
1,0 b. 2,6	kaum	mangelhaft	unwesentlich	gering	recht steif	ungelenk

vk#fk (Gestaltungsausführung)

	vk, vkx, vkv	fk, fkx, fkv
0,0 bis 1,0	nicht	nicht
1,1 bis 1,5	mangelhaft	äußerst minimal
1,6 bis 2,5	sehr gering	minimal
2,6 bis 3,0	gering	sehr wenig
3,1 bis 3,5	ziemlich gering	wenig
3,6 bis 4,0	sehr mäßig	ausgesprochen mäßig
4,1 bis 4,5	mäßig	mäßig
4,6 bis 5,0	annähernd normal	begrenzt
5,1 bis 5,5	ziemlich normal	eher mittel
5,6 bis 6,0	durchschnittlich	mittel
6,1 bis 6,5	gut durchschnittlich	übermittel
6,6 bis 7,0	größer	leicht erhöht
7,1 bis 7,5	gesteigert	erhöht
7,6 bis 8,0	beträchtlich	stark
8,1 bis 9,0	sehr beträchtlich	besonders stark

fk, fkx						vk, vkx,
	1,0 b. 2,6	2,6 b. 3,9	4,0 b. 4,9	5,0 b. 5,9	6,0 b. 7,5	7,6 b. 9,0
7,6 b. 9,0	oberflächlichen	einigen	beweglichen	gewandten	sicheren	gekonnten
6,0 b. 7,5	flüchtigen	begrenzten	gelösten	geschmeidigen	geschickten	gezielten
5,0 b. 5,9	unsicheren	ungenauen	gelockerten	lockeren	genauen	präzisen
4,0 b. 4,9	ziellosen	zielunsicheren	unbestimmten	einigen	gerichteten	gelenkten
2,6 b. 3,9	wenig	eingeschränk-ten	verminderten	mäßigen	unbeholfenen	unausgebilde-ten
1,0 b. 2,6	fehlenden	mangelnden	unwesentli-chen	geringen	recht steifen	ungelenken

optimale Einsatzgebiete

	Elementenbasen (y): |Y| <2,0 in (); y bzw. iy>6,0
Pv	Tätigkeiten, die emotionales Handeln und Reagieren sowie unmittelbare natürliche Beteiligung am Geschehen verlangen, anschauungsgebundene Arbeitsweise, emotionales Engagement an dem Tun, unmittelbares Handeln, lebendiges Reagieren. Praktische Inhalte, Anschauliches, Körperliches, Land- und Forstwirtschaft, Organisches, Biologisches, Nahrungs- und Genußmittel, sinnliche Inhalte,
iP v	Tätigkeiten, die Handeln aus dem Augenblick und in Abhängigkeit momentaner Eindrücke erfordern, Inhalte des Genusses bieten, der Affektivität freien Lauf lassen, primitive und kreatürliche Inhalte bieten
(Pv)	Tätigkeiten und Aufgaben, die nüchternes, asketisches und evtl. trockenes Reagieren auf die Umstände voraussetzen, die wenig praxisnah sind, nüchterne Tätigkeiten, bei denen Eindrücke und Emotionen ausgeschaltet sind. Asketisches, Anschauungs- und Alltagsfernes, Erlebnisfernes, Anorganisches, Tätigkeiten, die keinerlei Initiative verlangen, genußfeindliche Tätigkeiten, lebensferne Tätigkeiten, naturfeindliche Tätigkeiten, Unlebendiges.
Rv	Tätigkeiten, die Ichsteuerung, bewußte, überlegte und kontrollierte Handlungen verlangen, die mehr kritischer und prüfender disziplinierter Haltung bedürfen, Planungs-, Prüfungs- und Kontrollfunktionen, selbstdisziplinierte Haltung, schematische und formalisierte Arbeiten. Ideen, Geistiges, Wissenschaft, Philosophie, Erkenntnislehre, Gedankliches, Abstraktes, Theoretisches, Ätherisches, Esoterik, Spekulatives, Neugier-Weckendes, Intellektualistisches
iRv	schematisierte Tätigkeiten, formalistische Arbeiten, einengende Tätigkeiten, esoterische, ätherische, spekulative, intellektualistische Inhalte, Neugier-Befriedigung
(Rv)	Berufe, die eine eher naive, undifferenzierte und wenig reflektierende Einstellung verlangen, unkomplizierte und einfache Arbeiten, Tätigkeiten, die wenig Disziplin und eigene Steuerung erfordern. Alltägliches, Konkretes, eher primitive Arbeiten, Tätigkeiten, die keine Disziplin und eigene Steuerung erfordern, kein Planen verlangen. Undifferenziertes, Ungeistiges,
Uv	der Außenwelt zugewandte Arbeiten, extraversives gesellschaftliches Handeln, Tätigkeiten, die auf Wirkung und Ansehen nach außen angelegt sind bzw. bei denen sich der Arbeitende von der Außenwelt leiten lassen muß, weltliche Aufgaben, Arbeit im unmittelbaren Kontakt mit der Umwelt, von der Umwelt bestimmte und gelenkte Tätigkeiten, Außen- und Kontaktberufe, Repräsentationstätigkeiten. Weltliches, Öffentlichkeit, Gesellschaft, Publikum, Ansehen, Status, Geselligkeit.
iUv	Status, Prestige, Auszeichnungen, Äußeres, posierende Tätigkeiten
(Uv)	weltabgewandte, weltfremde Tätigkeiten und Berufe, in denen kein Bezug zur Außenwelt nötig ist, in die auch äußere Umstände und gesellschaftliche Einflüsse nicht dringen, Arbeit ohne Kontakt mit anderen, ohne solchen mit Umwelt und Publikum, Tätigkeiten, die keine eigene Zuwendung zu anderen Menschen und zum Geschehen verlangen. Unauffälliges, Privatleben, Sachlichkeit, Weltferne, Abwesenheit von Rummel und Trubel, Tätigkeiten, die Weltflucht ermöglichen, die auch bei Schüchternheit und Scheu zu erfüllen sind, Tätigkeiten ohne gesellschaftliche Berührungen

Üv	Tätigkeiten, bei denen sich der Mensch auf sich selbst besinnen muß. bei denen er sich aus sich heraus zu orientieren hat und von inneren Maßstäben leiten lassen muß, Allein- und Einzelarbeit, Distanz zur Umwelt, Innendienst, Labortätigkeit, Arbeit im Verborgenen und Dunkeln sowie im Geheimen. Weltanschauliches, Werte und Wertungen, Religiöses, Ideologisches, Ethik, Moral, richterliche Tätigkeiten
iÜv	Tätigkeiten im Dunkeln, im Verborgenen, im Versteck, in der Isolierung, orthodoxe weltanschauliche und moralische Inhalte, Bewertungsfundamentalismus, Verurteilungstätigkeiten
(Üv)	Tätigkeiten, bei denen ideologische und Wertmaßstäbe keine Rolle spielen bzw. der Tätige sich innerlich nicht mit Berechtigungsfragen auseinandersetzen muß. Tätigkeit unter dem Einfluß der Umwelt, Tätigkeiten, die weder Abstand noch Zurückhaltung erfordern, bei denen innere Verarbeitung und Lenkung von innen nicht gefragt sind. Liberalismus, Neutralismus, Relativismus, Freiheit, Säkularisiertes, Neutralismus, Relativismus, Amoralität, Abstands- und Distanzlosigkeiten in Arbeit und Umgang
Kv	Tätigkeiten, die eine erhöhte soziale Ansprechbarkeit und Äußerungsweise verlangen, die lebhafte, nicht unbedingt tiefere innere Beziehungen zu einer Vielzahl von Menschen verlangen. Einfühlende, kriminalistische Tätigkeiten, unverbindliche Beratungsfunktionen, Assistententätigkeiten, Entwicklungsaufgaben, soziale Unverbindlichkeit bei sprühender und lebhafter Reaktionsweise und Äußerungsweise, ständiger Wechsel sozialer Beziehungen. Kultur, Theater, Literatur, Sprache, Geschichte, Überlieferung, Pädagogik, Erziehung, Bildung, Ausbildung, Geisteswissenschaften, Klassik,
iKv	Tätigkeiten mit überschwenglicher Äußerungsweise, unsteten Gefühlsreaktionen, schwärmerischer Vorgehensweise, schöngeistige, utopische Inhalte, Tätigkeiten, bei denen gefühlsmäßige Erregtheit nicht schadet
(Kv)	Tätigkeiten, die keine innere Umstellung in sozialen Bezügen erfordern. Ruhige, sozial beständige Situationen, Arbeiten, die keine eigenen sozialen und gefühlsmäßigen Äußerungen und Reaktionen verlangen. Zivilisation, Funktionalistisches, Nutzbarkeit, Zweckmäßiges, Verwendbarkeit; Tätigkeiten, die keine lebhafte Äußerungsweise dulden oder benötigen, die eine gewisse soziale Trägheit und Unansprechbarkeit vertragen. Rein nutzenorientierte Aufgaben und Inhalte, indolente, träge Reaktionsweise
Bv	Tätigkeiten, die Individualität und Eigenständigkeit von innen heraus in sozialen Bezügen verlangen, bei denen ein innerliches Engagement für andere Menschen verlangt wird. Tätigkeiten in enger Teambeziehung, Arbeiten mit festen sozialen Bindungen, die wenig wechseln, gefühls- und gemütsbezogene Arbeiten, personenbezogene Beratungs- und pädagogisch-führende Tätigkeiten, Arbeiten, Individuation, Selbstgestaltung, Selbstverwirklichung, Partnerschaft, , Psychologie, Individualtherapie,
iBv	Tätigkeiten, die eine romantische Einstellung fordern, bei denen Subjektivität nicht schadet bzw. gefordert ist. Ichhaftes, Romantik, Singletum
(Bv)	Tätigkeiten, die mehr sachliches Verhalten verlangen, die wenig inneres soziales Engagement fordern. Arbeiten, die menschliche Kühle und unpersönliche Objektivität und Sachlichkeit erfordern. Sachgebundenheit, Aufgehen in Aufgabe und Sache, Aufgaben, die menschliche Bindungslosigkeit erfordern, kollektives Arbeiten und Fühlen verlangen, bei denen menschliche Kälte nicht schadet

Gv	Tätigkeiten, die Durchsetzung, Domination, Lenkung und Gestaltung verlangen, bei denen es darauf ankommt, durch Machen etwas zu schaffen, und das auch in sozialen Bezügen. Arbeiten, die Durchsetzung, Angreifen und Selbständigkeit, Gestaltung und Eroberung verlangen, hartes Material, Stein, Metalle. Bewältigung, bewältigende Technik, Macht, Führung, Konstruktion, Machen, Naturwissenschaften, Regieren, Domination, Bauen, Aufbauen, Gestalten
iGv	Aufgaben, die aggressives, überwältigendes Arbeiten, aber auch rücksichtsloses Vorgehen erfordern, Diktieren, Kommandieren, Zerstörung, Vernichtung, Krieg, Überwältigen, Unterdrücken,
(Gv)	Tätigkeiten, bei denen Folgsamkeit entscheidend ist. Aufgaben, die rücksichtsvolles, Vorgehen verlangen. Einfügen, Einordnen, Unterordnen, Nachvollziehen, Folgen; Aufgaben für eher zaghaftes und zögerndes Vorgehen, Arbeiten, bei denen Unterordnung und Unselbständigkeit gefordert werden.
Sv	Tätigkeiten, die Pflege und Erhaltung sowie Verbesserung sozialer Gegebenheiten verlangen, die Pflege, Wartung und Schutz für Dinge und Menschen bringen sollen. Arbeiten, die Anpassung verlangen, Tätigkeiten, bei denen fortführende Ausführung erforderlich ist, mehr pflegende als gestaltende Arbeiten, Arbeiten nach Weisung, Wartungsarbeiten, Dienstleistungen. weiches Material, matschige und schleimige Materialien, Textilien, Soziales, Menschen, Gruppen, Kinder, Hilfsbedürftige, Pflege, Instandhaltung, Heilen, Fürsorge, Verhätscheln, Bemuttern, Wartung, Dienen, Mitmachen, Unterstützen
iSv	Aufgaben, die ständiges Nachgeben verlangen, schleimige Materialien aufweisen, die fürsorgliche Bevormundung Schwacher und Kranker ermöglichen, Verführbarkeit und Beeinflußbarkeit werden verlangt
(Sv)	Tätigkeiten, die Freiheit und Lösung von sozialen Bindungen und Anforderungen bringen, wie sie u.a. auch in Wegwerfgesellschaften üblich sind. Ungebundenheit, Unabhängigkeit, Freiheit, Arbeiten, die keine Sensibilität und Anpassung verlangen, Nicht-Dienen, Nichtpflegen, keine Wartungsinhalte
Ev	Tätigkeiten, die eine erhöhte aktive qualitätsgerechte Auffassung der Welt und des Geschehens verlangen. Unterhaltende, lustige und brillierende Tätigkeiten, Arbeiten, die Optimismus und Risikobereitschaft verlangen, all-round-Tätigkeiten, Edelmetalle, glänzende Stoffe, Effekte, besonders auch Lichteffekte. Qualität, Güte, Schönheit, Ästhetik, Musisches, Musik, Kunst, Künstlerisches, Kunsthandwerk, Mode, Werbung, Schmuck,
iEv	lustbringende, riskante Tätigkeiten, Effekte, Flitter, Tand, Effekte, Äußerlichkeiten, Kitsch
(Ev)	Tätigkeiten, bei denen die Welt und das Geschehen eher störend und belastend empfunden werden, bei denen keine aktive Zuwendung in der Auffassung erforderlich ist. Sachgebundende, risokoarme, unauffällige Arbeiten. Nützlichkeit, Quantität, Qualitätslosigkeit, Amusisches, Brauchbares, Unauffälliges, Amusisches, reine Zweckergebnisse, unsichere Arbeitsweise, eher pessimistische Arbeitshaltung, die der Stützung und Ermunterung bedarf
Ov	Tätigkeiten, bei denen es auf eine systematische und formale innere Verarbeitung der Qualitäten ankommt. Arbeit in kleinen Schritten, Fein- und Ordnungsarbeiten, Präzisionsarbeiten, Innendienst, Büroarbeit, Bearbeitung von Kleinigkeiten, besinnliche und ernste Arbeitshaltung mit Vorliebe zum Abwägen erforderlich. Verwaltung, Organisation, Logistik, Ordnung, Zahlen, Gliederung, Systematik, Formales, Informatik, EDV, Ordnungsvorschriften

iOv	einzelheitliche Arbeitsweise, Umgang mit Kleindetails, Fieselarbeit, Zählarbeit, bürokratische Arbeiten, Schemata, Registratur, Listenführung
(Ov)	Lässige, ungezwungene, lockere und freie Arbeitsweise, Improvisation, Natürliches, Gewachsenes, Tätigkeiten, bei denen Aufgefaßtes nicht verarbeitet werden muß, wo alles Aufgenommene aus dem Geschehen ohne eigene Verarbeitung stehen bleiben kann. Nachlässiges und oberflächliches Arbeiten. Chaos,
Fv	Tätigkeiten, die Handlungsaktivität und Aneignungsaktivität sowie ausgeprägtes Expansionsstreben verlangen, wo Neues und Zukünftiges wesentlich sind. Arbeiten, die Schwung und Dynamik, Unternehmungsgeist und Expansion verlangen, unkonventionelle Tätigkeiten, Abwechslung in der Arbeit. Fernes, Neues, Fortschritt, Reise, Reisen, Verkehr, Zukünftiges, Forschung, Neuheiten, Progressives, Handel, Handeln
iFv	Tätigkeiten, die Expansion um jeden Preis verlangen, sprunghafte und wechselnhafte Arbeitsweisen erfordern, ständigen Veränderungen unterworfen sind, Unbeständigkeit erwarten, Zukunftsutopien, Abenteuer
(Fv)	Tätigkeiten, in denen Neuheiten, neue Wege und Inhalte nicht zur Debatte stehen. Arbeiten, die in Ruhe und Beschaulichkeit auszuführen sind. Ruhe, Beschaulichkeit, Erhaltung, starre Unwandelbarkeit; schwunglose, träge, lahme und matte Arbeitsweise, Gestriges, Überholtes,
Tv	Tätigkeiten, bei denen Sicherheit und Erhaltung des Gegenwärtigen bzw. Gestrigen im Vordergrunde stehen, die Beständigkeit und Konservatismus erfordern. Tätigkeiten, die eine stetige und gleichmäßige Arbeitsweise erfordern, bewahrende, sammelnde Tätigkeiten, erdiges Material, graphisches Gewerbe, keine Umstellungen, kein Wandel. Bau, Boden, Immobilien, Geld, Bankwesen, Rechnungswesen, Land- und Forstwirtschaft, Vertrautes, Bekanntes, Besitz, Tradition, Überlieferung, Sicherheit, Nahes
iTv	Gewohnheiten, Vergangenes, keine Umstellungen, kein Wandel, gleichförmige Arbeitsweise, Monotonie, Prinzipien,
(Tv)	Tätigkeiten, bei denen Sicherheit und Vertrautes klein geschrieben werden, die mehr ein Umherschweifen und Flexibilität erfordern. Tätigkeiten, die Schwankungen unterworfen sind. Aufgaben, bei denen es auf Flexibilität ankommt. Unbekanntes, Freiräume, Gewohnheitsfernes, Heutiges, Gegenwärtiges, Ungewisses, Wechsel und Unstetheit, hohe Sicherheitsrisiken

Orientierungsweise und Arbeitsstil

[Pv]	0 bis 2,5i	2,6 bis 3,9i	4,0 bis 4,9i	5,0 bis 5,9i	6,0 bis 7,5	7,6 bis 9,0i
7,6 bis 9,0	lebendige	unmittelbare	ursprüngliche	unmittelbare	sinnliche	sinnenverhaftete
6,0 bis 7,5	aufgeschlossene	natürliche	lebhafte	emotionale	eruptive	irrationale
5,0 bis 5,9	anregbare	ansprechbare	alltägliche	naturnahe	lebenssüch- tige	triebhafte
4,0 bis 4,9	nüchterne	naturferne	genußferne	ungehemmte	genußabhän- gige	süchtige
2,6 bis 3,9	unansprechbare	lebensferne	trockene	beeinflußbare	triebhafte	hyperkinetische
1,0 bis 2,5	leere	emotionsarme	unanregbare	augenblicks- hafte	übererregte	bizarre
[Rv]	0 bis 2,5i	2,6 bis 3,9i	4,0 bis 4,9i	5,0 bis 5,9i	6,0 bis 7,5i	7,6 bis 9,0i
7,6 bis 9,0	rationale	prüfende	disziplinierende	vergeistigte	verregelte	intellektualis- tische
6,0 bis 7,5	lenkende	erkennende	besonnene	kritische	theoretisie- rende	formalistische
5,0 bis 5,9	verhaltene	überlegende	planvolle	straffe	gespannte	verspannte
4,0 bis 4,9	unvernünftige	unüberlegte	lässige	lebensferne	einengende	verengte
2,6 bis 3,9	unbestimmte	uneindeutige	naive	schematisie- rende	irreale	traumhafte
1,0 bis 2,5	stumpfe	unbesonnene	unkritische	weltfremde	verwirrte	desorientierte
[Uv]	0 bis 2,5i	2,6 bis 3,9i	4,0 bis 4,9i	5,0 bis 5,9i	6,0 bis 7,5i	7,6 bis 9,0i
7,6 bis 9,0	Ursprüngliche	überzeugende	weltzugewand- te	kommunikative	repräsentative	exhibitionistische
6,0 bis 7,5	unmittelbare	extraversive	weltoffene	auffällige	demonstrative	hysteroide
5,0 bis 5,9	lebhafte	lebendige	agile	beteiligte	Beachtung heischende	geltungssüchtige
4,0 bis 4,9	anregbare	affizierbare	indirekte	forcierte	ansprüchige	Prestige su- chende
2,6 bis 3,9	unlebendige	scheue	uninteressierte	gewollte	übersteigerte	posenhafte
1,0 bis 2,5	gehemmte	unauffällige	unbeteiligte	absondernde	posierende	darstellerische

[Üv]	0 bis 2,5i	2,6 bis 3,9i	4,0 bis 4,9i	5,0 bis 5,9i	6,0 bis 7,5i	7,6 bis 9,0i
7,6 bis 9,0	unabhängige	Eigenständige	eigenwillige	auf Abstand bedachte	prinzipienhafte	orthodoxe
6,0 bis 7,5	feste	bestimmte	dämpfender	distanzierende	ideologisierte	illiberale
5,0 bis 5,9	tolerante	verständnisvolle	ungezwungene	verfestigte	abwertende	unrealistische
4,0 bis 4,9	neutralistische	ambivalente	liberale	strenge	einspurige	übersteigerte
2,6 bis 3,9	uneindeutige	verschwommene	schwankende	enge	fundamentalistische	verängstigte
1,0 bis 2,5	flache	oberflächliche	unbestimmte	gezwungene	zwiespältige	ängstliche

[Kv]	0 bis 2,5i	2,6 bis 3,9i	4,0 bis 4,9i	5,0 bis 5,9i	6,0 bis 7,5i	7,6 bis 9,0i
7,6 bis 9,0	ideelle	empfängliche	agile	vergeistigte	zweckfremde	schöngeistige
6,0 bis 7,5	sinnhafte	einfühlsame	begeisternde	kulturgebundene	idealistische	geistige
5,0 bis 5,9	natürliche	anregbare	lebhafte	aufgeschlossene	rituelle	kultische
4,0 bis 4,9	realistische	zivilisatorische	technologische	veräußerlichte	utopische	weltfremde
2,6 bis 3,9	materialistische	kulturferne	funktionale	realitätsferne	schwärmerische	illusionistische
1,0 bis 2,5	indolente	funktionalistische	nützlichkeitsbestimmte	unwirkliche	esoterische	halluzinäre

[Bv]	0 bis 2,5i	2,6 bis 3,9i	4,0 bis 4,9i	5,0 bis 5,9i	6,0 bis 7,5i	7,6 bis 9,0i
7,6 bis 9,0	tiefen	empfänglichen	hingebenden	partnerschaftli--chen	übersteigerten	schwülstigen
6,0 bis 7,5	beteiligten	warmen	dauerhaften	engagierten	ausgrenzenden	individualistischen
5,0 bis 5,9	ansprechbaren	aufgeschlossenen	beständigen	romantischen	ichhaften	sachfremden
4,0 bis 4,9	anregbaren	irritierbaren	störbaren	persönlichen	unsachlichen	ichbetonten
2,6 bis 3,9	unpersönlichen	nivellierenden	egalisierenden	seichten	verschrobenen	ichbezogenen
1,0 bis 2,5	unbeteiligten	unterdrückten	gefühlsarmen	irrealen	projizierenden	egozentrischen

[Gv]	0 bis 2,5i	2,6 bis 3,9i	4,0 bis 4,9i	5,0 bis 5,9i	6,0 bis 7,5i	7,6 bis 9,0i
7,6 bis 9,0	bewältigende	aktive	energische	eigenwillige	eigensinnige	rücksichtslose
6,0 bis 7,5	selbständige	bestimmte	entschiedene	kämpferische	bedenkenlose	skrupellose
5,0 bis 5,9	ausführende	fortführende	verändernde	bestimmende	überwältigende	herrische
4,0 bis 4,9	rücksichtsvolle	zögernde	kooperierende	regierende	machtbesessene	aggressive
2,6 bis 3,9	matte	zaghafte	unbestimmte	unterdrückende	forcierte	selbstherrliche
1,0 bis 2,5	inaktive	lahme	unentschiedene	scharfe	vernichtende	zerstörerische

[Sv]	0 bis 2,5i	2,6 bis 3,9i	4,0 bis 4,9i	5,0 bis 5,9i	6,0 bis 7,5i	7,6 bis 9,0i
7,6 bis 9,0	hingebende	beteiligte	engagierte	beeindruckbare	mitgehende	bevormundende
6,0 bis 7,5	sensible	anpassende	ausgestaltende	aufgeschlossene	dienende	betreuungssüchtige
5,0 bis 5,9	anregbare	aufnehmende	verstehende	ansprechbare	bestimmbare	verführbare
4,0 bis 4,9	freie	unbeeinflußbare	wenig interessierte	abhängige	nachgiebige	haltlose
2,6 bis 3,9	unnachgiebige	unanregbare	unsensible	sensitive	beeinflußbare	sorgenvolle
1,0 bis 2,5	rigide	steife	verspannte	uneindeutige	unterwürfige	subalterne

[Ev]	0 bis 2,5i	2,6 bis 3,9i	4,0 bis 4,9i	5,0 bis 5,9i	6,0 bis 7,5i	7,6 bis 9,0i
7,6 bis 9,0	lebendig	optimistisch	risikobereit	unbefangen	selbstüberzeugt	effekthascherisch
6,0 bis 7,5	natürlich	unabhängig	locker	ungezwungen	selbstdarstellerisch	hysteroid
5,0 bis 5,9	realistisch	sachbezogen	lebhaft	leichtblütig	abartig	selbstbetont
4,0 bis 4,9	amusisch	zaghaft	abhängig	unrealistisch	illusionär	überheblich
2,6 bis 3,9	derb	irritierbar	undifferenziert	oberflächlich	irreal	sendungsbewußt
1,0 bis 2,5	deprimiert	unsicher	unfroh	selbstunkritisch	ätherisch	wahnhaft

[Ov]	0 bis 2,5i	2,6 bis 3,9i	4,0 bis 4,9i	5,0 bis 5,9i	6,0 bis 7,5i	7,6 bis 9,0i
7,6 bis 9,0	formal	formalisierend	besinnend	tiefsinnig	formalistisch	pedantisch
6,0 bis 7,5	systematisierend	gliedernd	organisierend	besonnen	katalogisierend	registrierend
5,0 bis 5,9	ordnend	verallgemei-nernd	regulierend	bedenkend	schematisierend	mechanistisch
4,0 bis 4,9	flüchtig	nachlässig	unbestimmt	verunsichert	depressiv	unlustig
2,6 bis 3,9	verflachend	umtriebig	ungeordnet	verängstigt	deprimiert	mißmutig
1,0 bis 2,5	wirr	chaotisch	desregulierend	einzelheitlich	übervorsichtig	abartig
[Fv]	0 bis 2,5i	2,6 bis 3,9i	4,0 bis 4,9i	5,0 bis 5,9i	6,0 bis 7,5i	7,6 bis 9,0i
7,6 bis 9,0	Expansivität	Unterneh--mungslust	Abenteuerlust	Neuheitensuche	Neuheitendrang	Abwechslungs-sucht
6,0 bis 7,5	Lebhaftigkeit	Lebendigkeit	Schwung	Forschungs-streben	Forschungs-drang	Futuristisches
5,0 bis 5,9	Eifer	Rührigkeit	Regsamkeit	Erlebnisdrang	Zukunftsorien-tierung	Weitschweifig-keit
4,0 bis 4,9	Ruhe	Beständigkeit	Gewohnheit	Wissensdrang	Neugier	Neuerungs-sucht
2,6 bis 3,9	Schwunglosig-keit	Vorgestriges	Gestrigem	Progressions-drang	Risikosuche	Erlebnissucht
1,0 bis 2,5	Impulslosigkeit	Impulsschwäche	Risikoangst	Veränderungs--drang	Abenteuersucht	Expansions--zwänge

[Tv]	0 bis 2,5i	2,6 bis 3,9i	4,0 bis 4,9i	5,0 bis 5,9i	6,0 bis 7,5i	7,6 bis 9,0i
7,6 bis 9,0	Solidität	Bestimmtheit	Entschiedenheit	Eigenwillen	Prinzipienhaf-tig-keit	Trotz
6,0 bis 7,5	Beständigkeit	Selbstbe-hauptung	Beharrlichkeit	Unbeirrbarkeit	Eigensinn	Abwehr
5,0 bis 5,9	Festigkeit	Stetigkeit	Gleichmäßigkeit	Verfestigung	Unelastizität	Sperrung
4,0 bis 4,9	Schweifen	Schwanken	Unbestimmt-heit	Versteifung	Sturheit	Apathie
2,6 bis 3,9	Wurzellosigkeit	Hinreißbarkeit	Vertrauens-mangel	Ablehnung	Unbeweglichkeit	Negativismus
1,0 bis 2,5	Haltlosigkeit	Orientierungs--mangel	Beziehungs-losigkeit	Inflexibilität	Starre	Stupor

Lügenwerte (Lü)

< 20%	zweifelhaft, (Dissimulation)	60 bis 80%	zweifelhaft (Simulationsgefahr)
20 bis 60%	normal	>80%	nicht interpretierbar

Arbeitsdateien zum Buch
http://ibidem-verlag.de/downloads/waszkewitz/3898213242.zip